PER UN PUGNO DI IDEE

MASSIMIANO BUCCHI

PER UN PUGNO DI IDEE

Storie di innovazioni che hanno cambiato la nostra vita

BOMPIANI

L'Editore si dichiara disponibile con gli eventuali aventi diritto delle immagini di cui non è riuscito a risalire alla fonte.

www.giunti.it
www.bompiani.it

Via Bolognese 165, 50139 Firenze - Italia
Piazza Virgilio 4, 20123 Milano - Italia

ISBN 978-88-452-8089-4

Prima edizione a marchio Bompiani: gennaio 2016
Prima edizione Giunti Editore S.p.A.: dicembre 2018

Bompiani è un marchio di proprietà di Giunti Editore S.p.A.

Indice

L'inventore, nel senso moderno del vocabolo, è una invenzione dell'Ottocento; come quasi tutte le cose dell'Ottocento, raggiunse la perfezione nel Novecento.

J.R. Wilcock, *La sinagoga degli iconoclasti*

Trouble with dreams is, you never know, when to hold on, and when to let go.

Eels, *Trouble with Dreams*

Introduzione
Di cosa parliamo quando parliamo di innovazione?

"Innovazione", oggi, è parola abusata e spesso retoricamente vuota, "letto sfondato" come la Venezia passatista vituperata da Marinetti. Di cosa parliamo quando parliamo di innovazione? Dell'innovazione che si riempie la bocca di *app*, *venture capital*, *start-up*, *spin-off*, inseguendo astratti modelli esteri difficilmente compatibili con il nostro tessuto produttivo? Di quella che anima festival, rassegne, convegni e workshop che proliferano ormai in ogni angolo della penisola?

Se le statistiche internazionali su ricerca e innovazione tenessero conto del numero di manifestazioni e convegni organizzati su questi argomenti, non c'è dubbio: non saremmo secondi a nessuno. Peccato però che OCSE ed Eurostat si ostinino a guardare a bazzecole come brevetti, investimenti, diffusione delle tecnologie digitali. Indicatori che non ci vedono proprio all'avanguardia sul piano internazionale: storicamente deboli negli investimenti in ricerca e sviluppo da parte delle aziende (0,7% del PIL, contro una media UE dell'1,2% e Paesi che sfiorano il 3%), siamo nel complesso al quindicesimo posto in Europa per tasso di innovazione, dietro anche a Irlanda e Slovenia. Un dato emblematico e non abbastanza noto: oltre tre italiani su dieci risultano "tecnoesclusi", ovvero completamente tagliati fuori dalle tecnologie digitali a eccezione del telefono cellulare: trentaquattro su cento non hanno mai usato internet, né un computer (la media europea è del 20%, in Svezia i tecnoesclusi sono il 4%). Aumentano nel contempo le ore medie di consumo televisivo giornaliero:

da 3,8 a 4,2; quinto dato tra i Paesi OCSE (dati OCSE ed Eurostat, *Annuario Scienza Tecnologia e Società 2015*).

In questo libro non troverete i consueti esempi di innovazione che popolano la suddetta retorica, spesso esaltando – a torto o a ragione – campioni o (addirittura) visionari della moderna industria digitale; e neppure il tradizionale catalogo di invenzioni e inventori.

La scelta dei "momenti di innovazione" raccontati in queste pagine risponde a tre semplici criteri.

Primo, mostrare che l'innovazione è un processo complesso e non lineare, in cui entrano in gioco numerosi elementi, processi e attori sociali.

Secondo, mettere in luce il fatto che innovazione è qualcosa di più e di diverso da "nuova tecnologia". In molti degli esempi qui contenuti l'elemento tecnologico è solo un aspetto del cambiamento, e spesso nemmeno il più importante.

Terzo, intendere l'innovazione in senso ampio come momento di cambiamento concettuale, sociale e culturale, soffermandosi così su svolte non effimere ma che, seppur magari in modo a prima vista non appariscente, hanno segnato e continuano a segnare il nostro presente.

Nessuna di queste storie ha la pretesa di insegnare il rischioso e incerto mestiere di innovare (mestiere che peraltro, come le stesse storie raccontano, ci vede tutti coinvolti). Ciascuna però contiene uno o più spunti di riflessione, invitando quantomeno a mettere in dubbio le nostre presunte certezze sul tema. Nel complesso, compongono un invito a coltivare una visione di innovazione più ampia di quella abitualmente diffusa, più sensibile al contesto e in definitiva più *umana*.

Alcuni dei temi più generali, e in particolare il tema sempre più attuale della responsabilità dell'innovazione nel quadro dei rapporti tra tecnologia e società, sono trattati nel poscritto. Il lettore interessato ad approfondire questi temi o singole storie di innovazione troverà, oltre a quelli citati nel testo, alcuni riferimenti in coda al volume.

1868, la tastiera che stai usando adesso

Ogni innovazione è figlia della tradizione

Guardate la tastiera del vostro computer, oppure fate comparire quella del vostro smartphone o tablet. Vi siete mai chiesti il perché di questo bizzarro ordine delle lettere, che sembra non rispecchiare alcuna logica né tantomeno il consueto ordine alfabetico? Partendo da sinistra, in alto, ci sono la Q, la W, poi la E, la R, la T e la Y...

Il motivo di questa singolare disposizione risale addirittura al 1868. In quell'anno il direttore di un quotidiano locale di Milwaukee, Christopher Sholes, assemblò uno dei primi modelli di macchina da scrivere. Sholes aveva messo inizialmente i tasti in semplice ordine alfabetico, ma dovette presto fare i conti con un problema. Se si batteva troppo in fretta, spesso i martelletti che imprimevano le lettere sulla carta si accavallavano tra di loro. Sholes risolse l'inconveniente distribuendo i tasti su tre file, e allontanando quelli usati più di frequente: in questo modo i martelletti avevano minore probabilità di incastrarsi l'uno con l'altro.

In seguito vendette il prototipo alla Remington, un'azienda che produceva armi. La macchina da scrivere con la sua tastiera "QWERTY" – dalla sequenza delle prime sei lettere in alto a sinistra – iniziò a essere commercializzata su larga scala, e i venditori si divertivano a impressionare i potenziali acquirenti scrivendo il nome del prodotto, *typewriter* (macchina da scrivere), senza neppure guardare la tastiera, battendo unicamente sui tasti della prima fila.

Quando si diffusero le prime macchine da scrivere elettroniche e poi i primi personal computer, ovviamente il problema di intrecciare i martelletti non esisteva più. Tuttavia, fu naturale assimilare nell'uso i nuovi oggetti alla vecchia macchina da scrivere; inoltre, i dattilografi professionali avevano ormai memorizzato la sequenza QWERTY per le proprie trascrizioni. Così la tastiera conservò la forma che le era stata data da Sholes, e che rimane presente perfino sulle tastiere "virtuali" dei nuovi tablet o smartphone.

La vicenda di Sholes e della tastiera QWERTY ci ricorda che ogni innovazione è figlia della sua storia – una storia che può essere anche piuttosto remota e legata ad aspetti contingenti. Si dice per esempio che la capienza massima di un compact disc, altro standard piuttosto curioso (74 minuti e 33 secondi), sia stata fissata all'epoca su suggerimento della moglie del vicepresidente della Sony, per contenere la versione registrata più lunga della *Nona sinfonia* di Beethoven, particolarmente cara agli ascoltatori giapponesi.

La forma della tastiera ci insegna che, come utilizzatori, abbiamo sempre bisogno di "interpretare" il nuovo e quasi sempre, per quanto sembri paradossale, lo facciamo in continuità con il passato. *Path dependence*, la chiamano gli studiosi del settore, dipendenza dal sentiero tracciato: e ci fanno notare che, in fondo, la forma delle moderne automobili porta ancora impressa quella delle vecchie carrozze a cavalli.

Per gli aspiranti innovatori la lezione è che, quando si guarda avanti, non bisogna mai perdere la memoria del passato. Né tantomeno il rispetto per le abitudini più consolidate dei propri utenti: le stesse che da un secolo e mezzo mantengono sostanzialmente intatto il design di Sholes.

1963, l'audiocassetta fa muovere la musica

La buona innovazione invecchia ma non muore mai

Ha cambiato la storia dell'ascolto di musica più di ogni altra innovazione tecnologica. È stato il primo vero veicolo per la diffusione del pop su scala globale. Ha reso la musica portatile e personalizzabile. Ha inventato lo scambio di musica *peer-to-peer*, trent'anni prima di Napster. Ha perfino avuto un ruolo nella diffusione dei primi personal computer.

Non sto parlando dell'iPod, né del formato MP3, ma di un'innovazione che oggi tendiamo a dimenticare, avendola ormai relegata tra le tecnologie da museo: l'audiocassetta, o *compact cassette*.

L'audiocassetta nacque cinquant'anni fa vicino a Maastricht, per merito degli ingegneri della Philips. Con il suo guscio protettivo e le sue dimensioni contenute, rendeva decisamente più accessibili e maneggevoli i nastri magnetici che prima erano utilizzati quasi soltanto in ambito professionale. La RCA aveva sviluppato già da qualche anno un prodotto simile, ma lo pensava soprattutto per registrazioni di testi da utilizzare per l'apprendimento delle lingue. I progettisti della Philips capirono invece di avere in mano una *killer application* per l'ascolto di musica, soprattutto per l'emergente pubblico giovanile che era pronto a scambiare una qualità audio inferiore con la "portatilità" della propria musica preferita. Fu decisivo poter mettere sul mercato registratori di prezzo e dimensioni ridotte, un catalogo di musica preregistrata, e cedere gratuitamente la licenza alla Sony per far aderire al proprio standard il promettente mercato giapponese.

Il tempo di metterla in commercio (1963) e già le fabbriche Philips non riuscivano a tenere il passo delle ordinazioni di cassette e registratori. La cassetta diventò rapidamente lo standard per lo scambio di musica tra appassionati, ma soprattutto portò la musica registrata là dove vinili e giradischi non sarebbero mai arrivati: tra le bancarelle dell'India e dell'Africa, dove cassette spesso di dubbia legalità diffondevano localmente il pop occidentale e facevano conoscere i suoni locali ai viaggiatori internazionali; sulle spiagge nostrane, dove i successi del momento si affiancarono alle consuete merci dei venditori ambulanti; nelle auto e sulle corriere, a far da colonna sonora a viaggi e gite scolastiche. Fu veicolo di sedizione politica, ben prima di Twitter: su cassette registrate circolavano i discorsi di Khomeini negli anni precedenti la rivoluzione iraniana. Aprì la strada al concetto di playlist, oggi centrale come pochi altri nel definire il nostro rapporto con la musica, permettendo di registrare compilation e raccolte personalizzate per sé e per gli amici.

Il boom venne con la diffusione del lettore portatile di musicassette walkman: negli anni ottanta le vendite di musicassette superarono per la prima volta quelle dei vinili e nel solo Giappone si vendevano ogni anno centosessanta milioni di apparecchi a cassetta. Su cassetta si archiviavano in quegli anni anche i dati dei primi home e personal computer (Commodore, Spectrum, IBM PC).

Elementare e modernissima nel suo essere tecnologia "open" (ovvero facilissima da taroccare), l'audiocassetta tenne più che decorosamente il campo anche con l'avvento del CD. Non ebbero presa neppure i tentativi di rimpiazzarla con una più evoluta versione digitale (la DCC): a conferma del fatto che non sempre l'innovazione coincide con la tecnologia più sofisticata. A oltre cinquant'anni dalla sua introduzione, si stima che nel mondo ne siano state vendute tra cinquanta e cento miliardi di esemplari (tra vergini e preregistrate).

A partire dagli anni duemila la sua presenza si è fatta più sporadica, ma resta forte in numerosi paesi e continua a godere di illustri estimatori: "Io ascolto solo cassette," ha dichiarato recentemente Thurston Moore, chitarrista dei Sonic Youth. Da poco la Sony ha annunciato un nuovo modello di nastro magnetico per archiviazione dati, capace di contenere su una piccola cassetta 185 terabyte, equivalenti a circa sessantacinque milioni di canzoni: nuova incarnazione di un artefatto capace di attraversare un cinquantennio in un settore spesso caratterizzato da rapidi e turbolenti cambiamenti. E per i più nostalgici, occhio all'app per smartphone che durante l'ascolto di musica permette di visualizzare sul display una cassetta che gira.

1847, Semmelweis e la disinfezione

Quando l'innovazione può salvare la vita

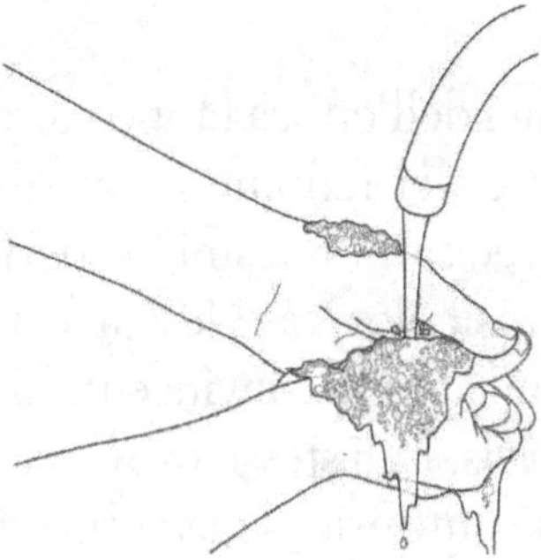

Vienna, metà Ottocento: il giovane medico ungherese Ignác Semmelweis diventa assistente primario nella clinica ostetrica dell'Allgemeine Krankenhaus, considerata all'epoca uno degli ospedali universitari più prestigiosi d'Europa (nonché quello con il più elevato numero di parti). Semmelweis rimane presto sconvolto dalla quantità di partorienti decedute per febbre puerperale, un vero flagello in gran parte degli ospedali europei e americani: nella clinica in cui lavora vi soccombono addirittura tra le tredici e le trenta donne su cento.

I medici dell'epoca fanno varie ipotesi sulle cause del fenomeno, attribuendolo a imprecisati "miasmi" e perfino alla tensione psicologica. Nessuna di queste spiegazioni appare convincente al giovane Semmelweis. Egli stesso prova a condurre numerose autopsie, senza esito. Ipotizza allora che la causa sia da ricercare nel crescente inquinamento dell'aria. Ma quando confronta i tassi di mortalità vede che la febbre puerperale non colpisce in città più che in campagna, e che addirittura si muore più frequentemente proprio in ospedale. Semmelweis è ormai ossessionato dal "massacro matricida" che ogni giorno si compie sotto i suoi occhi.

In un periodo in cui è assente dall'ospedale, un evento tragico segna la svolta.

Un collega e amico, Jakob Kolletschka, si ammala e muore poco dopo essersi tagliato accidentalmente durante un'autopsia. Da un'analisi emergono straordinarie analogie con le puerpere decedute.

A quel punto Semmelweis ricorda un dato elementare a cui nessun collega sembra attribuire importanza: la sproporzione tra i tassi di mortalità per febbre puerperale in due padiglioni della stessa clinica ostetrica. Dopo aver scartato altre ipotesi, la sua attenzione è attratta da una differenza tra i due padiglioni: in quello a più bassa mortalità si formano solo ostetriche; in quello a più elevata mortalità, gli stessi studenti che lavorano a contatto con le puerpere praticano anche autopsie.

Sfidando lo scetticismo dei colleghi, impone il lavaggio delle mani con una soluzione di cloro prima di ogni contatto con le pazienti. I tassi di mortalità scendono drasticamente. I medici e alcuni degli studiosi più autorevoli dell'epoca però non si arrendono. Com'è possibile che la causa e la soluzione di un fenomeno così grave e diffuso siano così semplici? E, soprattutto, come si permette questo giovane ungherese di attribuire alle "mani infette" dei medici centinaia di vittime? Contro Semmelweis giocano, tra l'altro, l'ancora lacunosa comprensione del ruolo dei germi e la sua partecipazione attiva ai moti rivoluzionari del 1848. Il contratto in ospedale non gli viene rinnovato e inizia per lui una parabola che tra alti (introduce con successo la disinfezione anche in una clinica ungherese) e (soprattutto) bassi, si conclude con la morte in manicomio.

Solo molti anni dopo la sua intuizione sarà riconosciuta, anche grazie ai lavori di Pasteur e Lister. La tragica vicenda di Semmelweis ispirerà anche la tesi di laurea dell'allora studente di medicina Louis-Ferdinand Destouches, lo scrittore poi noto come Céline (*Il dottor Semmelweis*).

Oggi ci sembra incredibile che una pratica elementare e apparentemente così scontata come la disinfezione sia stata a lungo ignorata e poi perfino osteggiata. Ma già Francesco Bacone, teorico e apologeta della scienza moderna, ammoniva che le innovazioni sono "come forestieri" che devono vincere la diffidenza rispetto a "quello che è stabilito dall'uso, [che] per quanto non buono, è almeno conveniente". Ma "chi non adotterà nuovi rimedi deve attendersi nuovi mali, perché il tempo è il più grande innovatore".[1]

L'introduzione della disinfezione resta un esempio significativo di innovazione semplice e a basso costo ma dall'enorme impatto. Un'innovazione che però richiedeva, come spesso succede, una profonda svolta sul piano culturale e concettuale, l'abbandono di diffusi

[1] F. Bacon, *Essays*, 1597-1625; trad. it., *Saggi*, Novara, De Agostini, 1966, pp. 105-106.

luoghi comuni e di resistenze ataviche sul piano organizzativo e professionale. Un'innovazione capace di salvare moltissime vite, tranne, forse, quella dello stesso innovatore.

1933, la caffettiera Moka porta nel mondo il caffè all'italiana

L'innovazione sa imparare anche dalle lavandaie

Quando nel suo *Giro del mondo in ottanta giorni* al seguito di Phileas Fogg Passepartout passa dalla città di Mocha, nello Yemen, trova che la sua forma sia "simile a una tazza di caffè". La città era già all'epoca celebre come crocevia mercantile del caffè, ma non aveva ancora dato il nome all'invenzione di Alfonso Bialetti. Un secolo dopo, la scrittrice

Frances Yates definirà il gorgogliare del caffè nella Moka "la più bella musica dopo Mozart".

L'innovazione, come spesso accade, scatta dal cortocircuito di idee e ambiti diversi: semplificare e "democratizzare" la preparazione del caffè, metterla alla portata di tutti, far entrare in casa il gusto del caffè al bar.

Prima dell'avvento della Moka, in numerose abitazioni si utilizza la cosiddetta "napoletana", apparecchio introdotto a inizio Ottocento dal francese Morize. La napoletana, tuttavia, richiede, tra l'altro, di essere rovesciata al termine della preparazione. Come osserva una pubblicazione divulgativa dell'epoca, essa "offre due grandi inconvenienti: 1) il rischio di scottature, il che non si può di leggieri [*sic*] evitare; 2) di impiegare troppo caffè per avere un liquido abbastanza leggiero [...] volgendo le caffettiere, la polvere s'ammassa tutta in una parte, senza impregnarsi delle parti aromatiche del caffè".[2]

Bialetti, proprietario di una fonderia piemontese dopo un passato da operaio in Francia, ha osservato alcune massaie di Omegna lavare i panni in riva al lago d'Orta usando, ricorda il figlio Renato, "un mastello con il fondo bucato. Sotto il mastello, in un altro contenitore, mettevano cenere e sapone, la 'lisciva', che a contatto con l'acqua 'bolliva' facendo schiuma e salendo nella parte superiore dove c'erano i panni".[3] Bialetti si chiede allora se non si possa applicare lo stesso procedimento di percolazione al caffè. Come materiale sceglie l'alluminio, che in quegli anni simbolicamente incarna

[2] *Dizionario pittoresco della storia naturale e delle manifatture ad uso della gioventù, compilato sulle opere di F. Guérin e degli autori più recenti* da E. Marenesi, Milano, Boroni e Scotti, 1840.

[3] La storia è riportata, con piccole varianti, da numerose fonti tra cui un'intervista di Renato Bialetti a *La Stampa*, 6 agosto 2013.

slancio verso la modernità, sentimenti autarchici e rinnovamento dell'artigianato italiano; permette di realizzare forme eleganti e capaci di non sfigurare anche accanto ai servizi d'argento. La porosità del materiale, inoltre, permette di assorbire con l'utilizzo l'aroma stesso del caffè, mentre la caratteristica forma consente di confinare il calore nel fondo della caldaia.

La Moka Express fa il suo definitivo ingresso trionfale nelle case degli italiani negli anni cinquanta, sostenuta da un'intensa campagna promozionale. L'omino coi baffi realizzato da Paul Campani come caricatura di Renato Bialetti diviene una delle figure più celebri di *Carosello* e verrà immortalato anche sulle caffettiere.

Geniale anche nella scelta di un nome già noto ed evocativo su scala globale, esposta al MoMA di New York, raro esempio di innovazione così semplice e funzionale da non essere mai stata modificata, a lungo compagna inseparabile dell'italico viaggiatore diffidente verso il caffè straniero. Si stima che ne siano state vendute oltre duecentosettanta milioni.

1974, un codice a barre rende tracciabile un pacchetto di gomme da masticare

Per innovare non è necessario essere inventori

71817234128

Alle otto di mattina del 26 giugno 1974, in un supermercato dell'Ohio, un pacchetto di gomme da masticare Wrigley, una cassiera e un testardo uomo d'affari cambiarono per sempre le nostre vite. Il cliente passò le gomme alla cassiera, il lettore ottico riconobbe correttamente il prodotto attraverso il codice a barre e presentò un conto di 67 cent. Oggi si stima che ogni giorno la stessa operazione sia ripetuta su oltre cinque miliardi di prodotti nei negozi di tutto il mondo. I codici a barre sono usati per le carte d'imbarco nel trasporto aereo, per tracciare le spedizioni e perfino in alcuni reparti ospedalieri di maternità, per essere sicuri di abbinare correttamente neonato e neomamma.

A volere fortemente questa innovazione fu il responsabile di una catena di supermercati, Alan Haberman. Questi vedeva nelle lunghe code che si formavano alle casse un'inutile causa di disagio per i clienti e per il personale. Gli errori nella digitazione dei prezzi erano comuni e la gestione dei magazzini estremamente laboriosa. Haberman scoprì che due studenti di Philadelphia, Norman Woodland e Bernard Silver, avevano brevettato nel 1952 un sistema che utilizzava una sorta di codice Morse per identificare i prodotti. Il brevetto languiva nei cassetti a causa del costo e dell'affidabilità ancora modesta dei sistemi di scansione. Ma l'ostacolo forse più significativo era rappresentato dallo scetticismo degli stessi supermercati e soprattutto dei grandi produttori alimentari, che vedevano in esso un'ulteriore complicazione e paventavano la richiesta di etichette "personalizzate" da parte di ciascuna catena di distribuzione. Haberman riuscì a convincerli ad adottare uno standard comune. Ad aiutarlo nella sua campagna furono senza dubbio alcuni sviluppi sul piano tecnologico e la necessità di ridurre i costi in un periodo di congiuntura economica negativa. Si racconta però che a conquistare definitivamente i suoi interlocutori fu una cena nel miglior ristorante di San Francisco, seguita da un'uscita collettiva per vedere il film scandalo del momento, *Gola profonda*. Haberman divenne così il coordinatore di una commissione deputata a scegliere uno standard, "una sorta di impronta, in un esperanto che andasse bene per tutti".[4] La commissione scartò un design a macchie multicolori e uno a occhio di bue, optando alla fine per un modello sobrio e di facile lettura, a barre verticali bianche e nere, sviluppato presso la IBM sulla base dell'idea originale di Woodland e Silver (nel frattempo, il loro brevetto era scaduto e Silver defunto). Il modello fu denominato con la sigla UPC, Universal Product Code.

Occhio puntato sui nostri acquisti, gusti e spostamenti ben prima dell'arrivo di cellulari e social media, come icona contemporanea il codice a barre ha ispirato centinaia di artisti e designer; per le voci più critiche, è divenuto uno dei simboli dell'ubiquità pervasiva delle logiche commerciali contemporanee. Il pacchetto di gomme Wrigley venduto nell'Ohio nel giugno del 1974 è tuttora conservato allo

[4] P. Davison, "Pioneer Who Helped Transmit the Barcode", in *Financial Times*, 24 giugno 2011.

Smithsonian National Museum of American History di Washington.

La storia di Haberman è un classico esempio di come si possa essere un innovatore senza essere un inventore. Laureato a Harvard in storia e letteratura, poi specializzato in economia aziendale, Haberman dette un impulso decisivo allo sviluppo di un settore tecnologico; intuì l'importanza di standard e linguaggi comuni in uno scenario globale, anni prima che ciò diventasse ovvio con la diffusione delle tecnologie digitali. Trasformò silenti beni di consumo in strumenti con cui possiamo interagire, "gingilli", come li definisce il futurologo Bruce Sterling, che ha messo sulla copertina del suo libro *La forma del futuro* un bel limone giallo marchiato da un codice a barre. Estese perfino, da un certo punto di vista, il senso della rivoluzione pop di Andy Warhol, facendo di un anonimo pacchetto di gomme un pezzo da museo e un segno del cambiamento delle nostre vite quotidiane.

1934-1938, il contropiede italiano due volte campione del mondo

La necessità aguzza l'innovazione

A dispetto dell'imperante luogo comune, non è il catenaccio (originariamente *verrou* o *Riegel*, introdotto da un tecnico austriaco, Karl Rappan, in una squadra svizzera, il Grasshoppers, tra gli anni trenta e gli anni quaranta), bensì il contropiede, l'innovazione con cui alcune squadre e la stessa nazionale italiana lasciano il segno nella storia del calcio.

L'espressione è coniata dal giornalista e scrittore Gianni Brera, che la trae dalla cultura classica (seconda fase della danza nel coro delle tragedie greche) e ne teorizza l'opportunità e perfino la coerenza con la nostra tradizione politico-culturale: fisicamente meno dotata delle rivali con cui spesso si confronta in quel periodo, storicamente usa a essere conquistata, l'Italia meglio si adatta a un gioco passivo e di rimessa, ma non meno letale per gli avversari, basato su repentini rovesciamenti di fronte: "È la risorsa di Davide contro Golia, la trovata di Bertoldo che non riesce a scegliere l'albero cui impiccarsi o, in una parola sola, questa è la metafisica dei poveri che sanno di esserlo."[5]

Il contropiede rappresenta uno stacco rispetto alla disposizione tattica più diffusa

[5] M. Raffaeli, "Gianni Brera", in *Lo Straniero*, 29 gennaio 2013.

nel calcio europeo dagli anni quaranta in poi, il cosiddetto WM o "sistema" di origine inglese. Nell'epoca in cui scrive, Brera vi vede l'espressione ideale nelle squadre guidate dall'allenatore Nereo Rocco: Triestina (sorprendentemente seconda in campionato nel 1947-48), Padova (terzo nel 1957-58) e poi il Milan, due volte vittorioso nella Coppa dei Campioni (1963 e 1969). Così Brera descrive quest'ultimo: "Due punte, un'ala destra di sostegno, un perno centrale (Rivera), una linea di cinque; un libero; il portiere Cudicini. La palla riconquistata veniva appoggiata a Rivera, che poteva aprirla sulla destra (Hamrin) oppure lanciarla a una delle due punte (Prati e Sormani)."[6]

Antesignani della formula possono essere rintracciati già nella Pro Vercelli di inizio secolo e nel Bologna degli anni

[6] G. Brera, "Epistolario de La Repubblica", in *Storie di calcio*, www.storiedicalcio.altervista.org.

trenta, ma l'incarnazione storica e più vincente – ancorché, secondo lo stesso Brera, non del tutto consapevole – è la nazionale italiana guidata da Vittorio Pozzo, due volte campione del mondo, nel 1934 e nel 1938. Valga l'esempio della finale del Mondiale 1938 a Parigi. L'Ungheria, già grande seppure non ancora grandissima, parte all'attacco. Dopo cinque minuti, da un calcio d'angolo ungherese la difesa italiana rilancia a Biavati, che salta l'avversario, appoggia a Meazza, che taglia il campo trovando Colaussi libero: 1-0. Più facile vedere sul web la fulminea azione del 1978 contro l'Argentina, che poi diventerà campione del mondo. Rossi-Antognoni-Bettega-Rossi-Bettega: cinque tocchi e palla in rete in dieci secondi; gli argentini dovranno vedere il replay per capire che cos'è successo.

Denigrato e imitato in egual misura da squadre e allenatori in tutto il mondo, il contropiede è un esempio di innovazione per necessità, oltre che di come l'innovazione migliore sia quella che più realisticamente si adatta alle risorse disponibili. Una caratteristica che sembra accomunare altre innovazioni di origine italiana o segnate dal contributo di italiani. È il caso del formato MP3, raccontato in questo stesso libro. O del treno ad assetto variabile "Pendolino", tecnologia radicalmente diversa da quella impiegata all'epoca in altri paesi, sviluppata in un sistema tecnologico, economico e politico caratterizzato da infrastrutture obsolete e dalla rigidità e lentezza delle procedure per innovarle: un complesso di vincoli che ha spostato il focus dell'innovazione sul veicolo stesso.

1947, il kalashnikov: un soldato inventa la vera arma di distruzione di massa

La forza della user-driven innovation

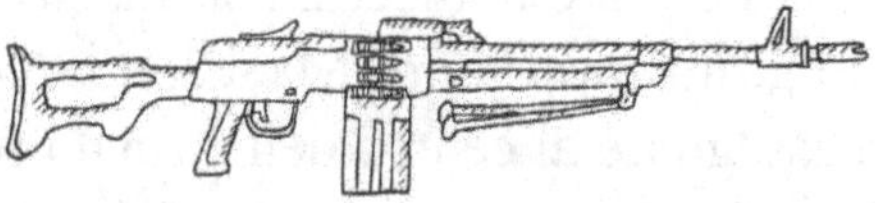

1941. Il soldato dell'Armata rossa Michail Kalašnikov giace in un letto di ospedale. È stato ferito a una spalla nella battaglia di Brjansk, dove dopo venti giorni di scontri i russi hanno lasciato sul campo ottantamila uomini; altri cinquantamila sono stati fatti prigionieri. Intontito dal dolore, la testa piena delle immagini di quel massacro, coglie nel dormiveglia le conversazioni di altri soldati feriti. Si lamentano dei fucili dell'Armata rossa; se avessero avuto armi d'assalto come quelle dei tedeschi sarebbe andata diversamente, dicono. Prima della guerra, deportato con i suoi diciotto fratelli in Siberia, Michail era un povero contadino con due passioni: la poesia e la meccanica. La storia lo spinge ad approfondire la seconda: così si fa assegnare al centro dell'Armata rossa, dove si sviluppano nuove armi. La sua occasione arriva nel 1946, quando l'esercito bandisce un concorso per un nuovo fucile d'assalto. Partecipano i migliori progettisti del settore, ma vince lui. Nasce così l'AK-47, sigla di Avtomat Kalashnikova ("47" è l'anno in cui fu completato).

Due anni dopo, quando ormai tutto il mondo – dopo la tragica conclusione della Seconda guerra mondiale con la bomba atomica sganciata su Hiroshima – è convinto che la guerra del futuro si farà con armi sempre più grandi e colossali, il piccolo kalashnikov entra in scena in sordina. Si rivelerà la vera arma di distruzione di massa dei decenni a venire. Semplice da usare, compatta, economica. Facile da pulire, resistente alle condizioni più estreme. Da soldato, Michail sa cosa vuol dire smontare o ricaricare un fucile al gelo, con i guanti, mentre fai da bersaglio al nemico. Non sa che sta inventando l'arma perfetta per la guerriglia nella giungla e nel deserto, per l'imboscata e il terrorismo, ma soprattutto l'arma in grado di trasformare chiunque in un micidiale pericolo. Si impara a usarla in un giorno, la si può smontare in diciotto secondi, spara seicento colpi al minuto ma accontenta anche i tiratori più esigenti e accurati, in grado di centrare con pochi colpi un bersaglio umano a ottocento metri di distanza. I soldati americani in Vietnam buttavano via i loro M16, impantanati dal fango e dall'umidità della giungla, per rubare i kalashnikov dei Viet Cong abbattuti. Anni dopo, memori di quella lezione, gli stessi americani faranno incetta di kalashnikov cinesi per armare i mujaheddin afghani proprio contro l'Armata rossa.

Simbolo della lotta all'imperialismo, ritratto in pugno al presidente cileno Salvador Allende e posato accanto a Bin Laden; sventolato con orgoglio addirittura su bandiere e stemmi nazionali di Mozambico e Timor Est; arma più diffusa della storia, mai uscito di produzione, si stima che ne siano stati fabbricati oltre cento milioni e che ogni anno duecentocinquantamila vittime cadano sotto i suoi colpi. Ma un calcolo preciso è impossibile anche per la colossale diffusione di copie illegali. Michail, che non lo brevettò, non ha mai visto un rublo di royalties.

Il kalashnikov è un esempio di quella che si chiama "*user-driven innovation*", un'innovazione sviluppata dagli utilizzatori per altri utilizzatori, come le cinghie per i piedi con cui un surfista rivoluzionò la produzione di tavole da windsurf o il container con cui un trasportatore trasformò il commercio globale. È anche una prova di come sia facile sbagliare previsioni, guardando troppo lontano: il futuro della guerra non era asettico e ipertecnologico come pensavano politici ed esperti, ma sporco, brutale e a bassa tecnologia, pronto a imbracciare il mitra del soldato Michail.

1979, il walkman e la colonna sonora delle nostre vite

Quando la tecnologia non basta

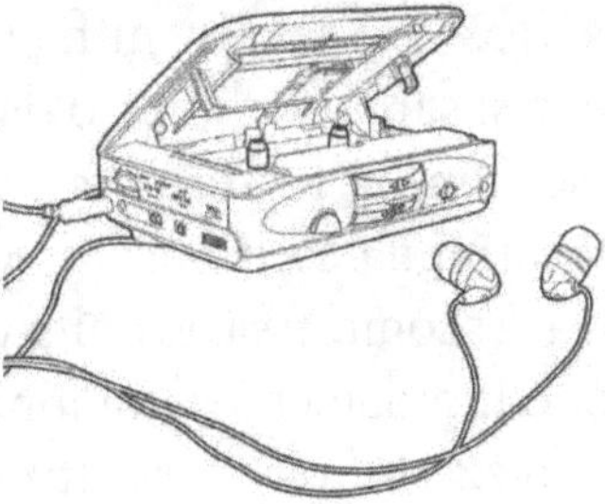

Si dice che una volta rischiò di prendere una multa dalla polizia di New York, il fondatore della Sony, Akio Morita, per aver attraversato la strada distrattamente, preso com'era dall'ascolto del suo walkman. Lanciato sul mercato nell'estate del 1979, il walkman era stato fortemente voluto da Morita contro il parere di gran parte dei suoi collaboratori. Il mercato della registrazione audio era andato sino ad allora verso una crescente fedeltà e qualità sonora, gli obiettavano; perché il consumatore avrebbe dovuto interessarsi a un registratore portatile, e che per di più si poteva ascoltare solo in cuffia? Morita rispose che si sarebbe dimesso dalla presidenza se non ne fossero stati venduti almeno centomila esemplari. E vinse di gran lunga la scommessa: le unità vendute superarono rapidamente il milione nonostante il prezzo non irrisorio (trentamila yen, novanta dollari negli USA, molto più di un lettore MP3, per il costo della vita di allora).

I tecnici ed esperti del marketing Sony si erano sbagliati di grosso: ma erano in buona compagnia. La storia delle innovazioni e in particolare di quelle del settore musicale è costellata di inventori e produttori incapaci di comprendere l'impatto e l'uso effettivo del proprio lavoro. Thomas Edison restò a lungo convinto che il suo fonografo fosse destinato agli uffici, e in particolare alla registrazione e alla dettatura di testi "senza l'aiuto di uno stenografo"; furono altri a intuire e valorizzarne le potenzialità come strumento di intrattenimento e in particolare per la riproduzione della musica.

Il successo del walkman ci ricorda che le grandi innovazioni non necessariamente mettono in campo la tecnologia più nuova e sofisticata. A contraddistinguerle, non di rado, è la loro capacità di interpretare (e accelerare) le grandi trasformazioni del costume e della società.

Una nuova generazione urbana era pronta a rinunciare all'alta fedeltà nella registrazione, in cambio della possibilità di portarsi dietro la propria personale colonna sonora durante la giornata, negli spostamenti o in ambienti affollati e rumorosi. Fu una rivoluzione nel rapporto con la musica di cui avvertiamo ancora l'eco. Concettualmente parlando, l'iPod e gli altri lettori MP3 portatili introdotti a partire dagli anni duemila non sono che un'appendice trendy del walkman. O meglio, parafrasando una storica definizione del socialismo ("i soviet più l'elettricità"), l'iPod non è che "il walkman più il computer"; questo, infatti, il secondo ingrediente della miscela che ha fatto deflagrare (in tutti i sensi) il rapporto tra nuove generazioni e musica. Ma fu già con il walkman che la musica pop divenne flusso sonoro di accompagnamento delle attività quotidiane, dal jogging alla metropolitana, più simile al modello di fruizione del palinsesto televisivo che non del cinema o di altre forme espressive.

Il successo del walkman prefigura però altre due "mutazioni antropologiche" che segnano massicciamente la contemporaneità digitale.

La prima è il matrimonio tra personalizzazione e condivisione dei contenuti. Il walkman si prestava a contenere la "propria" compilation, ma anche a condividerla con altri: un jack audio permetteva di condividere la musica tra le cuffie di due ascoltatori. Celebre la scena del film *Il tempo delle mele* (1980) in cui un ragazzo porge le cuffie di un walkman a Sophie Marceau per farle ascoltare "la loro canzone" nel corso di una rumorosa festa.

La seconda è il multitasking, la simultanea fruizione di diverse finestre tecnologiche di cui è oggi intrisa la nostra quotidianità. Al lancio del primo walkman a Yoyogi Park, Morita stupì i giornalisti mostrando due ciclisti intenti a pedalare in tandem ascoltando musica. E promise alla polizia di New York di progettare cuffie che permettessero di sentire almeno le sirene di emergenza a chi, come lui, ascoltava il walkman attraversando la strada.

1969, l'Exploratorium: la "scienza da toccare" dello "zio della bomba atomica"

Innovare per dimenticare il passato?

Ogni anno, il 6 di agosto, il fisico Frank Oppenheimer si chiudeva nel suo ufficio pieno di fumo. Apriva il cassetto della scrivania, dove teneva una bottiglia di whisky, e si passava la mano sulla fronte "come se volesse cancellare qualcosa dal profondo della propria mente".

Frank non aveva avuto un ruolo importante come quello del fratello Robert, nel progetto che avrebbe portato alla costruzione della prima bomba atomica, sganciata appunto il 6 agosto 1945 sulla città di Hiroshima. Tuttavia, anche Frank aveva collaborato al progetto; e ricordava bene il giorno in cui, a Los Alamos, aveva assistito alla prima esplosione accanto al fratello maggiore.

Il destino, però, aveva in serbo un'altra svolta, per il giovane Oppenheimer. Accusato di aver aderito in gioventù al Partito comunista, si trovò di fatto bandito dalle università americane. Mettendo in vendita una parte della ricca collezione di quadri ereditata dal padre (tra cui addirittura un van Gogh, si dice), si ritirò in un ranch in Colorado.

Mentre insegnava fisica in una scuola locale, ebbe modo di sperimentare modalità didattiche inconsuete: per esempio portava gli studenti nei depositi di auto da demolire, mostrando loro come usare i rottami per piccoli esperimenti su meccanica, calore ed elettricità. Grazie a un finanziamento della National Science Foundation, assemblò una "biblioteca di esperimenti" da utilizzare nell'insegnamento della fisica ai bambini.

Negli anni successivi, esperienze e stimoli diversi raccolti lungo tutta la sua vita cominciarono a intrecciarsi. Parte dei suoi studi di fisica giovanili era stata condotta a Cambridge e presso l'Osservatorio di Arcetri, a Firenze. Quel periodo e l'incontro con l'arte e la cultura italiana avevano lasciato un segno indelebile su di lui, figlio di una pittrice e di un commerciante con la passione dell'arte, che lo avevano avviato allo studio della musica e della pittura sin da bambino.

Soggiornò di nuovo in Europa per le proprie ricerche di fisica, e lì fu affascinato in egual misura da luoghi come il Palais de la Découverte a Parigi o il Deutsches Museum a Monaco e dalle grandi collezioni d'arte. Tornò negli Stati Uniti con l'idea di creare qualcosa di simile, rispondendo in modo originale al crescente bisogno di avvicinare scienza e grande pubblico. All'inizio doveva essere una nuova sezione dello Smithsonian, poi Oppenheimer decise di fare qualcosa di totalmente nuovo a San Francisco.

Nacque così il progetto di un centro accessibile e interattivo che unisse "arte, scienza e divertimento", rivolto soprattutto alle nuove generazioni. Un centro in cui contenuti e scoperte della scienza fossero presentati alla stregua di quelle opere d'arte che lo avevano tanto affascinato. Amava paragonare gli acceleratori di particelle alle grandi cattedrali e sottolineare che i fenomeni resi osservabili dalla scienza potevano diventare "intriganti e belli come una farfalla o un fiore".

Così, nell'autunno del 1969, pochi mesi dopo i primi storici passi dell'uomo sulla luna, alla presenza del presidente Nixon, l'Exploratorium fu aperto nel Palace of

Fine Arts di San Francisco, dove è rimasto fino al recente trasferimento. Il distacco dalla tradizione dei musei scientifici non poteva essere più netto. "Nessuna collezione, nessuna teca, nemmeno la pretesa che gli oggetti fossero speciali. Era un museo senza proscenio, che contava sui visitatori per far oscillare i pendoli e rotolare le sfere", ha scritto Edward Rothstein sul *New York Times*.

Oggi, a trent'anni dalla scomparsa del suo fondatore, l'Exploratorium attrae oltre mezzo milione di visitatori all'anno, con seicento *exhibits* interattivi nella nuovissima sede all'Embarcadero. Ma si calcola che oltre centottanta milioni di persone, negli *science centers* di tutto il mondo, abbiano avuto accesso a contenuti o installazioni ispirati al modello di Oppenheimer. Un modello che oggi deve confrontarsi con nuove generazioni, forse non meno curiose ma spesso assuefatte a un nuovo tipo di interattività con gli schermi dei più vari dispositivi digitali. E soprattutto con un diverso contesto e un ruolo sociale della scienza, non meno sfidante, anche se forse meno drammatico di quello in cui Oppenheimer concepì la sua creatura.

In fondo, "lo zio della bomba atomica", come si definiva scherzosamente riferendosi al fratello che ne era considerato il padre, voleva dimostrare al mondo che la scienza non era solo quella di quel maledetto 6 agosto; giorno che lui, anche guardando frotte di bambini trafficare tra i suoi giochi ed esperimenti, non sarebbe purtroppo mai riuscito a dimenticare.

1890, la bicicletta prende la sua forma moderna

Hai voluto l'innovazione? Pedala!

Nel giugno del 1881, durante un soggiorno all'isola di Wight, la regina Vittoria intravide dalla propria carrozza una donna che si muoveva a grande velocità su uno strano veicolo. Dette ordine a uno dei propri collaboratori di rintracciare la ragazza. Questa si presentò poco dopo alla residenza reale in sella al proprio mezzo di trasporto, una sorta di triciclo distribuito dalla ditta del padre, unica concessionaria per l'isola. Cosa aveva di tanto speciale questo triciclo da destare l'interesse della Regina d'Inghilterra? E come si arrivò, nel giro di pochi anni, al modello di bicicletta così come lo conosciamo? In altre parole, come si sviluppa e si afferma un oggetto tecnologico?

Un artefatto come la bicicletta risulta dalla combinazione delle aspettative di diversi gruppi sociali, oltre che di diverse possibilità tecnologiche. Esso è tenuto a rispondere ad una serie di problemi che tali gruppi percepiscono come degni di soluzione; le sue stesse caratteristiche, lungi dall'essere date una volta per tutte dal costruttore, sono sottoposte a estrema "flessibilità interpretativa" da parte degli attori coinvolti. Vi erano, a un certo punto, almeno tre artefatti che potevano legittimamente aspirare a diventare "la" bicicletta: il biciclo *Ordinary* a ruota alta, la bicicletta a ruota bassa (*Safety bicycle*) e il triciclo. Il biciclo *Ordinary* a ruota alta rispondeva bene alle esigenze degli sportivi e permetteva agli uomini ardimentosi di mettere in mostra le proprie doti atletiche e di coraggio. A costoro la bicicletta a ruota bassa sembrava una cosa da donnicciole o da ragazzini pavidi. Tuttavia, allorché la bici fu ridefinita come mezzo di trasporto più che come strumento per sfoggiare il proprio ardimento, anche in virtù dell'utilizzo crescente che ne facevano altre categorie (donne e gentiluomini), il biciclo *Ordinary* fu sempre più percepito come "pericoloso" e meno sicuro rispetto alla bicicletta. Tricicli e bicicli con sellino laterale consentivano alle donne di pedalare indossando gonne lunghe e pertanto, per un certo periodo, questi modelli conobbero un discreto successo. Tuttavia, anche la bicicletta moderna fu in grado di offrire la stessa opportunità al pubblico femminile, nel momento in cui divenne disponibile – e soprattutto socialmente accettabile – un'altra soluzione allo stesso problema: un paio di pantaloni sotto la gonna lunga.

Il nuovo modello conquistò anche i ciclisti sportivi, grazie all'invenzione di un altro artefatto tecnologico: lo pneumatico. La sua introduzione (1888) si deve a un veterinario scozzese, John Boyd Dunlop, che voleva attenuare i continui sbalzi e gli scossoni a cui vedeva sottoposto il triciclo del figlio sul selciato vicino a casa. Avvolse strisce di gomma intorno alla ruota, le incollò insieme e le gonfiò con una pompa. Inizialmente presentato come un rimedio alle vibrazioni (e quindi poco attraente per i ciclisti sportivi, che proprio dal brivido traevano divertimento), lo pneumatico fu poi ridefinito con successo come uno strumento in grado di risolvere il problema della lentezza del mezzo. Ma "le soluzioni tecniche occorrenti a trasformare i bicicli del 1860 nelle biciclette del 1880, come la trasmissione a catena e a ingranaggi, erano già disponibili negli anni sessanta del XIX secolo".[7] In mezzo, è intervenuta una complessa negoziazione interpretativa su quali fossero i problemi più rilevanti e le soluzioni più accettabili fino a che non si sono raggiunte quelle che studiosi della tecnologia come Bijker chiamano "stabilizzazione" e "chiusura interpretativa".

A un certo punto un'interpretazione, tra le molte disponibili, prevale: il biciclo *Ordinary* a ruota alta è pericoloso, punto e basta. In questo senso gli artefatti "biciclo *Ordinary*" o "pneumatico ad alta velocità" risultano da un processo di chiusura e stabilizzazione socio-tecnologica che impone una delle possibili percezioni dello stesso oggetto (pericoloso o "da macho", nel caso dell'*Ordinary*; efficiente o da "donnicciole", nel caso della bicicletta a

[7] W. Bijker, *Of Bicycles, Bakelites and Bulbs*, Cambridge, MIT Press; trad. it., *La bicicletta e altre innovazioni*, Milano, McGraw-Hill, 1998, p. 74.

ruota bassa) da parte dei gruppi sociali coinvolti.

La bicicletta è anche un esempio di come ogni innovazione, perfino quella che oggi a noi sembra più scontata e innocente, vada ad alterare gli equilibri di una società. Nel 1900, il medico e criminologo Cesare Lombroso (1835-1909) firmò un violento attacco contro "il biciclo" come "causa e stromento [*sic*] del crimine".[8] Prima di ogni analisi sociologica e perfino prima di Schumpeter, Lombroso teorizza che differenti soggetti e gruppi sociali hanno atteggiamenti e gradi di apertura diversi rispetto all'innovazione.

> Il criminale [...] all'inversa della comune degli uomini, è un neofilo [...] e perciò ha una passione più intensa per questo nuovo strumento, e ne sa cavare vantaggi

[8] C. Lombroso, "Il ciclismo nel delitto", *Nuova antologia di lettere, scienze e arti*, vol. LXXXVI, IV serie, vol. CLXX, 1900.

particolari che gli altri né potrebbero né saprebbero [...]. Non ha, come certi professionisti, il prete per esempio, il magistrato, il medico, dall'uso dello strumento una fonte di possibile *diminutio capitis*, di danno alla professione, e non ha quella esitazione, quel ribrezzo che hanno gli uomini medi e specialmente le donne per uno strumento nuovo, entrato da poco (almeno in Italia) nelle abitudini sociali.[9]

Lombroso qui evidentemente sottovaluta il ruolo del pubblico femminile come soggetto e utilizzatore emergente della nuova tecnologia ciclistica, ma lo invoca in modo singolare come riferimento e paragone – sul piano degli effetti sociali – di quella stessa innovazione.

Se una volta si pretendeva (invero con un po' di esagerazione) di trovare nella

[9] *Ibid.*, p. 12.

donna il movente di ogni delitto virile nel troppo celebrato: *Cherchez la femme* – si potrebbe con minor forse esagerazione sentenziare ora: *Cercate il biciclo* – in gran parte dei furti e delle grassazioni dei giovani, soprattutto della buona società. [10]

[10] *Ibid.*, p. 1.

1958, la carta di credito: pagare in plastica

Mai giudicare un'innovazione dalle apparenze

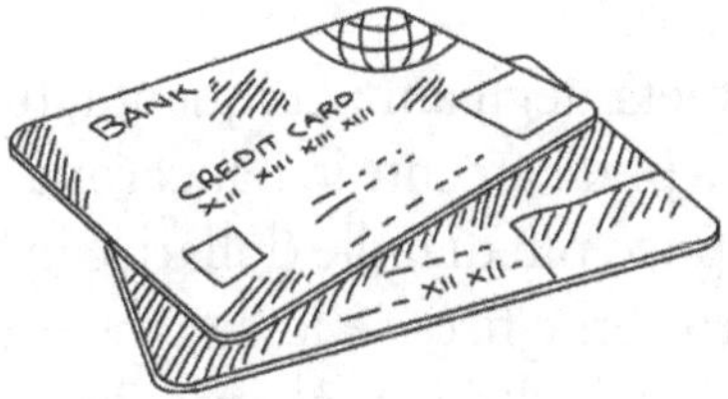

Se oggi avete le tasche fisicamente più leggere, non è solo colpa della crisi, ma anche merito di un ex agente di commercio scomparso qualche anno fa. Stanley Dashew, nato a Harlem da emigrati dell'Est Europa, comincia a lavorare prima della Seconda guerra mondiale come rappresentante della Addressograph-Multigraph, all'epoca l'azienda leader nella produzione di macchine per la stampa di etichette con indirizzi. Guadagna bene e presto decide di mettersi in proprio, sviluppando macchine più veloci ed efficienti per stampare etichette e targhe. Investe anche nella fornitura di macchine da stampa per l'esercito.

A metà degli anni cinquanta, tuttavia, si trova praticamente in bancarotta: con in cassa poco più di mille dollari, è incalzato da fornitori e fisco, e le banche esitano a concedergli ulteriore credito. Ironia della sorte, da tempo si chiede se le tecnologie usate dai militari per conservare e archiviare dati non si possano applicare anche ad altri settori, per esempio alle carte di credito, che all'epoca sono di carta e si deteriorano rapidamente. Peccato non avere i soldi per investire in questa idea. Poi una sera, in una scena che pare di immaginare tra un quadro di Edward Hopper e una canzone di Tom Waits, incontra un ex collega che lavorava con lui alla Addressograph, depresso quasi quanto lui. Tra un goccio al bancone (offerto, si suppone, dal collega) e uno sfogo tra vecchi amici, viene fuori che il collega ha sviluppato una plastica su cui si può stampare in rilievo, ma l'Addressograph per il momento non sa che farsene. Dashew salta sullo sgabello, anticipando da vero visionario perfino la fiction; nella fattispecie, il famoso dialogo che lascia interdetto Dustin Hoffman nel *Laureato* ("Voglio dirti solo una parola, ragazzo. Solo una parola. [...] Plastica." "Credo di non avere capito, signore." "Plastica, Ben. Il futuro è nella plastica").

Plastica: ecco la soluzione per le carte di credito! Dashew sonda l'interesse della Bank of America tramite un rappresentante, poi mette sotto i suoi tecnici e rapidamente sforna due macchine. La prima stampa in rilievo su plastica informazioni quali nome, cognome, numero di carta e data di scadenza. La seconda serve a raccogliere dalla carta le stesse informazioni per stampare una ricevuta da far firmare al cliente, e se non ne avete mai vista una, beati voi: vuol dire che siete giovani. Nasce così la prima carta di credito in plastica con i dati in rilievo, la BankAmericard. Seguiranno Diners Club e poi, sempre in collaborazione con la Bank of America, la Unicard, che poi diverrà Visa. Per convincere l'American Express, da commerciante navigato, Dashew si presenta a un incontro portando carte di credito già stampate con i nomi dei dirigenti.

La storia di Dashew e della carta di credito in plastica ci invita, tra l'altro, a non giudicare troppo in fretta un'innovazione dalle apparenze, né a sottovalutarla.

Saranno pure in plastica, ma le carte in rilievo hanno evitato di stampare migliaia di tonnellate di banconote, rendendo il commercio più sicuro e (almeno potenzialmente) più tracciabile – oltre che qualche acquirente più spendaccione. Il loro cospicuo impatto sulla vita quotidiana è ben catturato da uno dei caratteristici aforismi di Marshall McLuhan, che analizzando il denaro come medium lo definì "la *credit card* dei poveri".

Negli Stati Uniti, dove è molto più diffusa l'abitudine a saldare successivamente e a rate gli acquisti, la carta di credito è talvolta usata come spericolato mezzo di finanziamento per avviare progetti imprenditoriali. Pare che il regista Kevin Smith abbia finanziato il suo primo film, *Clerks – Commessi*, attingendo a diverse carte di credito, e che lo stesso abbiano fatto Sergey Brin e Larry Page per comprare il primo "terabyte di hard disk" per la futura Google.

1968, il salto alla Fosbury rivoluziona la tecnica del salto in alto

A volte per innovare bisogna andare indietro

1968, Città del Messico. Finale del salto in alto maschile. In gara sono rimasti solo due americani: Ed Caruthers e Richard "Dick" Fosbury. L'asticella è arrivata a 2 metri e 24 centimetri; il russo Gavrilov si è già arreso a 2,22. Caruthers e Fosbury hanno già fallito due tentativi ciascuno. Fosbury si gioca la sua ultima chance. Il pubblico, stupefatto dalla bizzarra tecnica del giovane atleta, trattiene il fiato.

Flashback: cinque anni prima, una scuola dell'Oregon. Lo studente Fosbury fa i suoi primi deludenti tentativi di salto in alto. Frustrato, si sfoga con il suo allenatore. La tecnica "ventrale", che è ormai da decenni quella standard per il salto in alto (l'atleta supera l'asticella con busto e piedi, rivolto verso il basso), non fa per lui. Decide addirittura di rispolverare la vecchia tecnica della sforbiciata. Pian piano, a forza di tentativi, sviluppa un modo di saltare che consiste nel curvare l'ultima parte della rincorsa e affrontare l'asticella di schiena. Sei pazzo, gli dice il suo allenatore, ti farai male, ti squalificheranno, salta come tutti gli altri e basta. Ma Fosbury è testardo. Ha capito che se resta con i piedi un po' più distante dall'asticella guadagna "tempo di volo", e soprattutto che quel modo di saltare, richiedendo minore potenza, è più congeniale alla sua struttura muscolare. La tecnologia lo aiuta: fino a qualche anno prima, quando si atterrava sulla sabbia o sul legno, ricadere di schiena avrebbe significato grave rischio di infortuni. Ma nel frattempo si sono diffusi materassi alti e soffici. Una foto lo ritrae mentre atterra di schiena dopo un salto: "Ecco il saltatore più pigro del mondo," commenta la didascalia. L'allenatore si ricrede quando Fosbury, centimetro dopo centimetro, arriva alle qualificazioni in cui si scelgono i tre saltatori per l'Olimpiade messicana. All'ultimo salto Fosbury è al quarto posto a causa di alcuni errori nelle misure precedenti. Il primo in classifica sbaglia tre salti di fila: Fosbury va per un soffio all'Olimpiade.

Ultima rincorsa a Città del Messico, allora. Fosbury salta faccia al cielo e, prima ancora di ricadere, solleva le braccia in segno di esultanza: 2,24, medaglia d'oro e record olimpico. È nato ufficialmente il "*Fosbury flop*", ancora oggi utilizzato dai saltatori in alto.

La rivoluzione di Fosbury assomiglia a ciò che lo storico della scienza Thomas Kuhn chiamava "cambio di paradigma". A volte l'innovazione non avviene in modo incrementale, né rettilineo, ma passa per svolte e curve, come la rincorsa di Fosbury. Per andare avanti occorre voltare la schiena alla tradizione, fare il contrario di ciò che fanno tutti gli altri. Ma un cambio di paradigma non è facile, né tantomeno immediato. Altri saltatori avevano già sperimentato tecniche simili a quella di Fosbury, ma fu il suo trionfo olimpico a renderla celebre. Quattro anni dopo l'exploit di Fosbury, alle Olimpiadi di Monaco del 1972, ventotto saltatori su quaranta usavano la nuova tecnica di Fosbury ma la medaglia d'oro fu vinta dall'atleta sovietico Jüri Tarmak, con un salto ventrale. Ancora nel 1978, saltando ventralmente, Vladimir Jaščenko riuscì a stabilire il nuovo record del mondo con 2 metri e 35. Fu il canto del cigno del vecchio paradigma, mai più salito così in alto.

Una rivoluzione tecnica come quella di Fosbury richiede talento, costanza, tempismo e fortuna. Se alle qualificazioni che gli aprirono le porte per le Olimpiadi il rivale non avesse fallito il salto decisivo, oggi si userebbe ancora lo stile ventrale?

1909, la sintesi dell'ammoniaca

Quando l'innovazione ha due facce

Inizi del Novecento. Ormai da tempo è noto il ruolo cruciale dell'azoto nel nutrimento delle piante. L'aumento della popolazione e la difficoltà di tenere il passo con la produzione alimentare è una preoccupazione crescente, soprattutto in Europa e America. Le riserve sudamericane di guano e nitrato di sodio, a cui si è ampiamente attinto come fertilizzante, non garantiscono prospettive di lungo periodo, e oltretutto il loro approvvigionamento è a forte rischio di conflitti tra nazioni. La strada pare obbligata: trovare il modo di estrarre azoto dall'atmosfera, che ne è così ricca.

Il chimico tedesco Fritz Haber lavora in quegli anni su incarico di un'azienda austriaca. I suoi esperimenti dimostrano che in effetti è possibile far sì che idrogeno e azoto formino ammoniaca utilizzando alte temperature e un catalizzatore, ma i risultati sono così modesti dal punto di vista quantitativo che non vale la pena investirci. La storia probabilmente per lui finirebbe qui, se un chimico piuttosto in vista, Walther Nernst, non prendesse di mira il lavoro di Haber, iniziando a contestarne aspramente e pubblicamente i risultati. Umiliato dalle critiche, Haber decide di riprendere in mano l'esperimento, aumentando la pressione e riducendo la temperatura. Il 2 luglio 1909 convoca due rappresentanti dell'azienda chimica BASF, che assistono alla produzione di ammoniaca liquida. Per elevare il metodo di Haber a processo industriale, la BASF si affida all'esperto Carl Bosch: il risultato è il processo ancora oggi noto come Haber-Bosch. Un contenzioso con Nernst, che rivendicava di aver contribuito con i propri risultati al processo, è chiuso con il pagamento di una somma annuale da parte della BASF. Nel 1914 l'impianto produce già 7200 tonnellate metriche di ammoniaca al giorno, da cui se ne possono ottenere 36.000 di fertilizzante.

Tutto bene, insomma; anzi, tutti a tavola? Se la storia finisse qui, indubbiamente sarebbe quella di un'innovazione portentosa e di un benefattore dell'umanità. Ma se avete fatto caso alle date, avrete già capito che non è così. Nel momento in cui l'ammoniaca inizia a uscire copiosa dalla fabbrica BASF, l'Europa è già in guerra. L'ammoniaca prodotta non va tanto a fertilizzare le coltivazioni, quanto ad alimentare l'industria bellica tedesca, soprattutto per la produzione di esplosivi. Anzi, qualcuno sostiene che senza il processo Haber-Bosch la guerra sarebbe potuta finire prima, poiché le scorte tedesche di nitrati si sarebbero presto esaurite. Oltretutto, il resto del mondo in quegli anni non può beneficiare del nuovo processo perché è stato brevettato in modo da omettere importanti dettagli tecnici.

Difficile trovare un esempio altrettanto chiaro e tragico di come l'innovazione si possa presentare con due facce, come lo storico nemico di Batman e la sua inseparabile moneta: da un lato capace di sfamare la popolazione in crescita, dall'altro di dare la morte alimentando uno dei più sanguinosi conflitti mondiali.

Difficile immaginare una figura che incarni questa tragica ambivalenza meglio di Fritz Haber. Divenuto capitano nell'esercito, nel 1915 coordina personalmente i primi impieghi di gas letali a base di cloro che infliggono orrende ferite ai soldati francesi, lasciando sul terreno cinquemila vittime. Da quegli atroci esperimenti deriva la formula che porta il suo nome, la quale stabilisce il rapporto tra concentrazione del gas, esposizione e mortalità. Alle vittime si aggiunge in quell'anno la stessa moglie di Haber, Clara Immerwahr. Chimica brillante, dopo anni di fedele sostegno e contributo alle ricerche del marito, sconvolta, si spara al cuore con la pistola di lui. Il giorno dopo il suicidio, Haber riparte per un altro fronte, dove è previsto un attacco con i gas contro i nemici russi.

Tra le due guerre Haber continua le proprie ricerche con esiti alterni, finché è costretto, in quanto ebreo, a lasciare la Germania. Un insetticida da lui realizzato viene sviluppato per produrre il famigerato Zyklon B, impiegato come gas in alcuni campi di concentramento per lo sterminio degli ebrei.

Vi basta come esempio di ambivalenza dell'innovazione? O volete sapere anche che nel 1919, subito dopo la Prima guerra mondiale, l'Accademia Reale delle Scienze di Svezia insignisce Fritz Haber del più prestigioso riconoscimento scientifico, assegnandogli il premio Nobel per la chimica "per la sintesi dell'ammoniaca dai suoi elementi"? O magari volete farvi un giro a Berlino e vedere con i vostri occhi l'istituto di ricerca che la Max-Planck-Gesellschaft ha intitolato alla memoria di Haber? Forse ha ragione Due Facce quando ammonisce Batman: "O muori da eroe, o vivi tanto a lungo da diventare il cattivo."

XI secolo-XVIII secolo, la forchetta diventa d'uso comune

Lo stretto rapporto tra innovazione e cultura (soprattutto a tavola)

Difficile stabilire con precisione quando la prima forchetta faccia la sua comparsa a tavola. Di certo era già in circolazione nell'XI secolo, perché il monaco Pier Damiani (1007-1072) riferisce sdegnato di come la sposa del doge Orseolo portasse golosamente alla bocca il cibo usando forchettine d'oro a due denti, secondo una pratica a quanto pare già diffusa in Oriente per non sporcare dita e abiti. In tale comportamento Damiani vede un segno di cedimento a costumi troppo sofisticati. Altri resoconti paragonano più o meno esplicitamente il nuovo "strumento biforcuto" a una forca diabolica. La sua diffusione è da molti messa in relazione con la diffusione della pasta; d'altronde, già nel *Trecentonovelle* del Sacchetti (XIV secolo) un personaggio "comincia a raguazzare i maccheroni, avviluppa e caccia giù" mentre l'altro "avea ancora il primo boccone su la forchetta".

Nei secoli successivi la forchetta continua a comparire negli inventari e sulle tavole delle corti europee, ma è probabile che sia usata sporadicamente. Un'incisione di Abraham Bosse dedicata a un banchetto del 1633 alla corte di Francia ci mostra un cavaliere che usa la forchetta, ma ancora Luigi XIV rimprovera la governante del duca di Borgogna per averinsegnato al bimbo a usare la forchetta, anziché le tre dita, come era abitudine diffusa.

Agli inizi del XVII secolo, un viaggiatore inglese registra il proprio stupore per la diffusione della posata in Italia,

> usanza unica tra tutti gli altri paesi da me visitati, anzi, credo che nessun'altra nazione della cristianità la conosca, ma solo l'Italia. Perché gli italiani, e anche molti stranieri che dimorano in Italia, usano a tavola una piccola forchetta, quando tagliano la carne. Mentre col coltello in una mano tagliano la loro porzione dal piatto comune, nell'altra mano hanno questa loro forchetta con la quale tengono ferma quella stessa carne; e così, se un qualsiasi commensale dovesse toccare inavvertitamente il piatto di carne con le dita, egli recherà offesa alla compagnia, avendo trasgredito alle regole delle buone maniere; e per questa sua mancanza verrà,

se non biasimato a parole, almeno tenuto in poco conto.[11]

È solo nel secolo successivo che la forchetta diviene parte delle regole di comportamento a tavola e non tanto – o non solo – per ragioni igieniche, ma perché mangiare con le mani, soprattutto cibi unti e appiccicosi, è diventato ripugnante e sintomo di inciviltà. "A tavola bisogna servirsi di un tovagliolo, di un piatto, d'un coltello, d'un cucchiaio e d'una forchetta; sarebbe oltremodo maleducato fare a meno di qualcuno di questi oggetti quando si mangia," conclude La Salle nel suo *Les règles de la bienséance et de la civilité chrétienne* (1729),[12]

[11] Cit. in I. Babitsch-M. Schiaffino, *In punta di forchetta*, Milano, Idealibri, 1988, pp. 25-26.

[12] Cit. in N. Elias, *Über den Prozeß der Zivilisation. 1: Wandlungen des Verhaltens in den weltlichen Oberschichten des Abendlandes*, Frankfurt a.M., Suhrkamp, 1939, p. 87; trad. it., *La civiltà delle buone maniere*, Bologna, il Mulino, 1982, p. 210.

stabilendo un canone che arriva fino ai giorni nostri.

I materiali usati per produrre le forchette variano nel tempo; a ottone, argento e alpacca subentra nel XX secolo l'acciaio inossidabile. La Krupp diventa uno dei punti di riferimento internazionali per la produzione fino alla Seconda guerra mondiale. Su forchette e posate cominciano a esercitarsi anche i più grandi designer, tra cui Giò Ponti per la stessa Krupp e per l'italiana Sambonet. Memorabile il concorso bandito dall'azienda americana Reed & Barton nel 1959, a cui partecipano, tra gli altri, Munari, Sottsass, Scarpa.

La lunga storia dell'introduzione della forchetta ci invita a non sottovalutare né a dare per scontato che un'innovazione si imponga, di per sé e immediatamente, perfino quando è così semplice da realizzare e utilizzare; più in generale, ci ricorda quanto possa essere stretto il rapporto tra innovazione e cultura. Il sociologo Harvey Molotch ha studiato a lungo come oggetti largamente diffusi e di uso comune quali tostapane, cavatappi o perfino bagni privati e toilette pubbliche possano assumere forme diverse in paesi e culture diverse.

Un oggetto è sempre parte di un tessuto tecnologico e sociale, di un'ecologia di altri oggetti e abitudini. Il tostapane, per esempio, presuppone un certo tipo di pane e, soprattutto nella versione originaria americana del tostapane "a espulsione", richiede fette di pane già tagliate e della stessa dimensione.

> Americani e inglesi mangiano pane tostato quando si siedono a far colazione, a differenza degli italiani che spesso prendono un caffè al bancone del bar. Il pane tostato è una parte essenziale del nostro rituale della colazione. Noi abbiamo l'abitudine di spalmare, di mettere vari ingredienti sul

pane e il tostapane dà alla fetta di pane la consistenza necessaria...[13]

La connessione tra tecnologia e cultura, nel caso specifico delle posate, non sfugge ai designer Achille e Pier Giacomo Castiglioni, che partecipano al concorso del 1959 desiderosi di colmare le lacune dei precedenti modelli. "Cucchiai tragici... venivano dalla Svezia! Addirittura incapaci di tenere il brodo! Ci vuole invece un cucchiaio che abbia una certa capacità per mangiare le nostre minestre, i nostri minestroni, posate legate alla nostra tradizione, e al piacere delle nostre tavole."[14] Vincono il primo premio.

[13] Intervista originale rilasciata all'autore il 10 dicembre 2011.

[14] A. Castiglioni, in Babitsch-Schiaffino, *op. cit.*, p. 57.

1971, Colombo rivoluziona il telefilm poliziesco

Innovazione come sfida alle convenzioni

Quali sono, secondo voi, gli ingredienti fondamentali di un buon poliziesco? Facile, anzi elementare: un investigatore affascinante e carismatico, e soprattutto un assassino misterioso, da scoprire alla fine con un bel colpo di scena. Bene, immaginate di fare a meno di entrambi. Prendete un tenente di polizia avanti con gli anni, orbo e scalcagnato, sempre vestito con lo stesso impermeabile stropicciato, che gira con un'auto impresentabile. E già che ci siamo, l'assassino lo facciamo vedere subito bene in faccia – senza però mostrare neppure una goccia di sangue. Sembra una ricetta sicura per il fallimento; in realtà sono gli ingredienti di uno dei maggiori successi della storia del telefilm, capace di rivoluzionare i canoni del poliziesco tradizionale.

Compagni di studio al college, Richard Levinson e William Link scrivono nei primi anni sessanta un racconto per l'*Alfred Hitchcock Mystery Magazine*. Diviene una pièce teatrale e poi un film per la tv, *Prescription: Murder*. L'indisponibilità di Bing Crosby porta a coinvolgere il già famoso Peter Falk. Soddisfatta del risultato, la NBC chiede di farne una serie. Levinson e Link decidono di mantenere lo stesso formato: mostrare subito l'assassino, e mettere al centro del telefilm il gioco del "gatto col topo" tra detective e colpevole.

Un metodo ispirato a quello elaborato come sfida intellettuale da uno scrittore di gialli inglese di inizio Novecento, Richard Austin Freeman. Per il detective i modelli ispiratori sono il padre Brown di Gilbert Keith Chesterton e Porfirij Petrovič di *Delitto e castigo*. L'ambientazione è una Los Angeles fittizia popolata di uomini e donne benestanti in abitazioni favolose, in modo da accrescere il contrasto con il protagonista; i colpevoli sono spesso interpretati da volti noti (attori affermati come Martin Landau e Donald Pleasence, il cantante Johnny Cash).

Quando leggono il materiale per la prima serie di *Columbo* (così l'originale), i dirigenti della NBC rimangono scioccati. Si è mai visto un telefilm in cui il detective protagonista entra in scena spesso dopo una ventina di minuti? In cui non porta la pistola e non lo si vede mai negli uffici della polizia, ma sempre "a domicilio" del sospettato? E poi questa storia della moglie che c'è ma non si vede mai... non può essere scapolo, o mostrare la propria famiglia?

Forti delle proprie convinzioni, Levinson e Link resistono a ogni pressione. Anche Falk è scettico all'inizio, ma poi ci mette del suo: "Era nato per quel ruolo," scrissero anni dopo i due. Falk rifiuta i vestiti di scena: si porta un vecchio impermeabile e vestiti da casa, e li indossa per tutti gli episodi della prima serie. Per accrescere la tensione e la sorpresa con gli altri attori, inserisce parti improvvisate e domande stravaganti, tirando fuori vecchi foglietti dalle tasche dell'impermeabile. La resistenza di Falk a impegnarsi in una serie settimanale permette di dedicare particolare cura alla scrittura e alla produzione: agli episodi lavorano alcuni dei migliori autori e registi della nuova generazione (Steven Spielberg e Jonathan Demme, tra gli altri).

Quando la prima serie di sette episodi va in onda, il successo è immediato. Falk se ne rende conto durante una tournée teatrale in cui tutti gli chiedono solo del tenente, e non dello spettacolo che sta interpretando. *Colombo* entra fra i programmi più visti e ci resterà per anni, spesso al primo posto. Il modo di fare del tenente e le sue battute divengono proverbiali sulla stampa e tra il pubblico, che si gode il sottile piacere di vedere quel piccolo grande investigatore mettere sulla graticola sospettati della buona società. Arrivano valanghe di premi Emmy e la copertina di *Time* per Falk. La serie, seppure con un'interruzione negli anni ottanta, va in onda fino al 2003. Nel 2014 la città di Budapest, in omaggio alle origini ungheresi di Falk, erige una statua dedicata al tenente Colombo.

1988, il formato MP3 e la crisi della discografia

Tutta colpa della tecnica – e di Suzanne Vega?

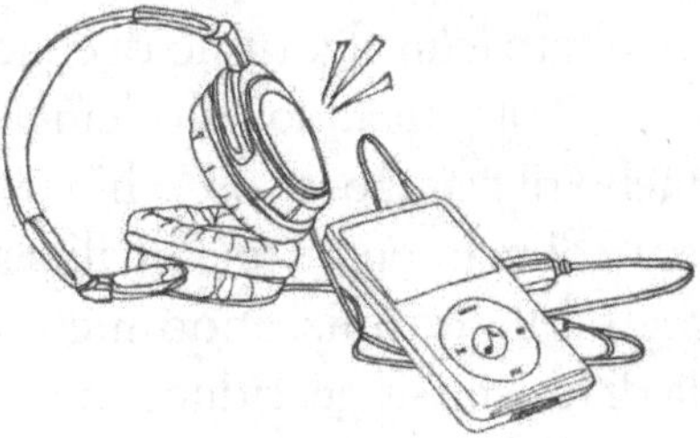

Quando nel maggio 1988 presiede a Ottawa la prima riunione del Moving Picture Experts Group, l'ingegnere Leonardo Chiariglione non sa di trovarsi con i propri colleghi a un crocevia della storia che rivoluzionerà tecnologia, musica e business. L'idea alla base di quella riunione è infatti di realizzare "standard universali per musica e immagini nel mondo digitale". All'invito del gruppo e a un bando finanziato anche dall'Unione europea rispondono, per quanto riguarda i formati audio, due consorzi a cui partecipano, tra gli altri, il colosso europeo Philips e quello americano AT&T.

Il risultato è un algoritmo di compressione che, "sacrificando" gli elementi sonori meno rilevanti per l'orecchio umano, consente di mantenere una qualità sonora accettabile ottimizzando memoria e banda di trasmissione, riducendo quindi il tempo di download in un periodo in cui le connessioni internet sono ancora piuttosto lente. Come test viene usata una canzone per sola voce: il singolo della cantautrice americana Suzanne Vega, *Tom's Diner*.

Ciò che i tecnici partecipanti alla riunione canadese non possono prevedere, tuttavia, è che ad attendere dietro l'angolo c'è una generazione di ascoltatori prontissima a barattare qualità sonora in cambio di facilità di accesso, scambio e soprattutto utilizzo gratuito, e un'industria discografica a dir poco impreparata a gestire questa rivoluzione.

La miscela esplosiva è incendiata definitivamente nel 1999 da due teenager americani, Shawn Fanning e Sean Parker, che decidono di usare le proprie abilità di programmatori per accedere alla loro musica preferita in formato "MP3" (sigla di MPEG Audio Layer III), appunto. Nasce così il servizio di condivisione di file Napster, che eleva su scala globale e tecnologica il tradizionale scambio di musica e la copia privata tra amici e conoscenti. La chiusura dopo due anni, a seguito delle proteste e denunce di musicisti e discografici e di un'ordinanza giudiziaria per violazione di copyright, non arresta il fenomeno e il cambiamento ormai travolgente. In quegli anni compaiono sul mercato anche i primi lettori portatili di musica in formato MP3; quest'ultimo diviene, nel giro di poco tempo, il formato più diffuso nel mondo per l'ascolto e la circolazione di musica.

L'introduzione e diffusione del formato MP3 ha causato il declino dell'industria discografica; è a causa di internet e delle tecnologie per la copia e il download se sempre meno si acquista musica registrata. Abbiamo sentito più volte ripetere queste tesi. In una scena del film *Ricomincio da tre*, Massimo Troisi si trova a discutere con un'anziana signora dalle idee piuttosto conservatrici, che tiene chiuso in casa il figlio per proteggerlo da tendenze giovanili giudicate pericolose. "La rovina dei giovani è cominciata con..." inizia la signora, "Il grammofono!" interloquisce ironicamente Troisi. È quello che si chiama *determinismo tecnologico*: una nuova tecnologia arriva e innesca un processo di cambiamento a cascata, come una palla da biliardo che va a colpire un'altra palla e così via, finché una finisce in buca.

Così, per esempio, secondo un celebre studio storico, l'avvento del feudalesimo sarebbe legato all'invenzione e alla diffusione della staffa. L'adozione della staffa ridusse drasticamente il rischio di cadute, che affliggeva i cavalieri nel corso dei combattimenti, aumentandone l'efficienza in battaglia, e favorendo così l'affermazione di una società come quella feudale, basata sulla proprietà della terra e sull'uso della forza.

Il caso dell'MP3 dimostra con chiarezza come l'impatto dell'innovazione sia spesso dovuto a una congiunzione di fattori e tendenze diverse. Facile, ma al tempo stesso illusorio, pensare di poter dare la "colpa" solo all'elemento più appariscente, la novità tecnica; e, di riflesso, attribuire tutta la responsabilità a chi l'ha progettata o introdotta. Ma mai come nelle tecnologie digitali la responsabilità si presenta sfumata, frammentata e difficilmente localizzabile.

Innovazioni come l'MP3 combinano, in modo spesso imprevedibile, intuizione individuale e processi collettivi. Tutti ci hanno messo del loro, dai programmatori agli ascoltatori, dai provider di servizi digitali ai produttori di hardware e ai contribuenti europei, fino alla stessa industria discografica e, perché no, perfino l'innocente voce di Suzanne Vega.

1730, un orologiaio risolve il problema della longitudine

L'innovazione viene dalle direzioni più inattese

Nell'estate del 1730, l'orologiaio John Harrison si presentò con una misteriosa cassetta di legno al Royal Observatory di Greenwich, chiedendo di poter parlare al direttore, l'astronomo Edmund Halley. Quest'ultimo – all'epoca già celebre per le sue osservazioni sulla luna e sul moto delle stelle, oltre a essere direttore dell'osservatorio – era tra i membri più rappresentativi della Commissione per la longitudine. La Commissione era stata istituita sedici anni prima dalla regina Anna, in contemporanea con lo stanziamento del cospicuo premio di ventimila sterline (qualche milione di euro di oggi) destinato a chi avesse risolto il problema della determinazione della longitudine. Si trattava di un problema estremamente importante per l'epoca. La difficoltà per le navi di stabilire la propria posizione era causa di innumerevoli incidenti e naufragi e la soluzione del problema era considerata cruciale sia sul piano militare che su quello commerciale. I più grandi astronomi dell'epoca vi si erano cimentati, proponendo complesse soluzioni basate sulle eclissi dei satelliti di Giove o sulle distanze diurne tra luna e sole e notturne tra luna e stelle. Nel suo inglese approssimativo di uomo di campagna, Harrison illustrò a un incuriosito Halley il contenuto della cassetta. Si trattava di un orologio in grado di funzionare, grazie a speciali accorgimenti, a bordo di qualunque nave e in qualunque condizione atmosferica. Harrison aveva risolto il problema della determinazione della longitudine, consentendo di conoscere simultaneamente l'ora esatta del luogo di partenza e di quello in cui la nave si trovava in quel momento. Harrison passò il resto della vita a perfezionare la propria invenzione e a lottare contro gli astronomi della Commissione, i quali, come Halley aveva previsto, furono fino all'ultimo restii ad accettare "una soluzione meccanica a un problema che consideravano astronomico".[15] A partire dalla fine del Settecento, tuttavia, non c'era capitano di nave che non possedesse un cronometro del tipo costruito da Harrison.

La vicenda di Harrison è un esempio di come talvolta l'innovazione non segua per-

[15] D. Sobel, *Longitude*, New York, Walker, 1995; trad. it., *Longitudine*, Milano, Rizzoli, 1999, p. 66.

corsi lineari, né discenda necessariamente da settori e figure per tradizione legate al problema da risolvere. La storia di Harrison e della soluzione del problema della longitudine mette anche in discussione l'assunto affine al *determinismo tecnologico* che considera la tecnologia unicamente come scienza applicata. Secondo questo assunto, la scienza rappresenta il motore esclusivo dell'innovazione tecnologica, che a sua volta non sarebbe altro che l'applicazione automatica delle scoperte scientifiche. Ma il rapporto con la tecnica e le arti manuali è stato uno dei fattori cruciali alla base della nascita della scienza moderna. Non solo alcune delle innovazioni più importanti nella storia della tecnologia, come il filatoio o il motore a vapore, non sono risultate dall'applicazione di scoperte scientifiche, ma in alcuni casi sono state le stesse innovazioni ad avere un impatto significativo sulla scienza. I problemi incontrati e le soluzioni adottate dai tecnici per sviluppare motori concreti furono alla base delle riflessioni che condussero Carnot a formulare le sue osservazioni sulla termodinamica.

1990, ruote e meccanici rivoluzionano l'assistenza sanitaria in Africa

La forza dell'innovazione low-tech

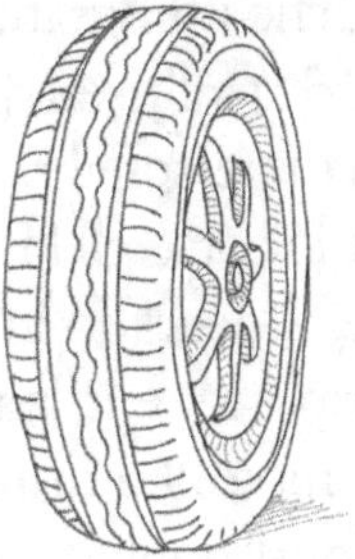

Fine anni settanta. Andrea Coleman è una delle prime donne inglesi a conquistare la notorietà grazie alle corse di moto. La sua vita cambia quando perde il marito Tom Herron in un incidente motociclistico. Insieme al campione americano di moto Randy Mamola si avvicina ad attività benefiche come Save the Children.

Un giorno l'organizzazione propone loro di fare un viaggio in Zimbabwe insieme all'amico e giornalista Barry Coleman per vedere come vengono effettivamente investiti i fondi raccolti. I tre hanno sempre pensato, come molti di noi, che i programmi di assistenza medica in Africa fallissero per mancanza di medicinali o di personale sanitario. La loro passione per le corse gli fa vedere qualcosa di differente: il degrado in cui si trovano i mezzi di trasporto, e in particolare quello più usato, le moto. La distanza tra i luoghi abitati e la condizione delle strade mette a dura prova i collegamenti e la possibilità di raggiungere i pazienti o i destinatari della prevenzione. Auto e moto guaste, difficoltà di trovare pezzi di ricambio o personale in grado di riparare i mezzi lasciano languire le scorte di farmaci nei magazzini e rendono difficile il lavoro di medici e infermieri. Andrea è sconvolta quando vede un uomo spingere la moglie incinta verso l'ospedale su una carriola scassata.

I tre non sanno nulla di problemi sanitari, ma tutto di motori. Nel 1990 decidono di mettere a frutto la loro esperienza per offrire mezzi più moderni, corsi per meccanici e per insegnare a guidare in modo da ridurre i guasti ai veicoli. Oggi la loro iniziativa, Riders for Health, mette a disposizione dei servizi sanitari millesettecento veicoli e impiega uno staff di duecentosettanta lavoratori locali tra Nigeria, Zimbabwe, Kenya, Zambia, Tanzania e Lesotho, spesso in collaborazione con governi e investitori locali. Nelle zone coperte dall'iniziativa i decessi dovuti a malaria sono diminuiti del 21%, mentre sono aumentati significativamente i tassi di vaccinazione infantile. Grazie ai loro trasporti, in alcune zone il tempo di consegna dei risultati di analisi di laboratorio è diminuito della metà. "Non serve a niente spendere miliardi di dollari per sviluppare un nuovo farmaco, se poi non arriva a chi ne ha bisogno," spiega Andrea.

Riders for Health è un esempio di innovazione *low-tech* o, come si usa dire oggi, di *social innovation*. Un concetto già noto al sociologo della tecnologia William Ogburn, che chiamava "*social invention*" "ogni invenzione che non è meccanica, né una scoperta naturale".[16] Ogburn fece anche una lista di innovazioni sociali dall'impatto significativo. La sua lista comprendeva, tra l'altro, il passaporto, i test d'intelligenza, le leggi sui brevetti, la rappresentanza proporzionale e il gioco del basket.

Nessuna nuova tecnologia è alla base di Riders for Health: solo un modo diverso e pragmatico di guardare a un annoso problema. "Siamo le mani sporche d'olio dell'assistenza sanitaria," ama dire la Coleman. Dove altri vedevano grandi strategie e programmi internazionali,

[16] W.F. Ogburn-M.F. Nimkoff, *Sociology*, Cambridge, Riverside Press, 1940, pp. 859-860.

Andrea e i suoi amici vedevano carburatori, frizioni e pneumatici da riparare. A volte per innovare bisogna volare alto e guardare lontano, a volte bisogna guardare vicino e sporcarsi le mani. Magari in garage.

1947-1962, e tutti dissero "paradigma"

Come cambiò il nostro modo di guardare al cambiamento

La scintilla di uno dei saggi più discussi e influenti dell'ultimo secolo scocca in un dormitorio di Harvard, nel 1947. I singoli ingredienti sembrano a prima vista banali: un dottorando in fisica, una matita e un libro – la *Fisica* di Aristotele. Il giovane studioso è ai limiti dello sconforto. Ha accettato l'incarico di offrire una breve panoramica delle scienze agli studenti di discipline umanistiche, e gli era sembrata una buona idea ripercorrere con loro le radici della meccanica newtoniana partendo proprio da Aristotele. Dopo alcuni giorni trascorsi sul testo aristotelico, però, l'idea non gli pare più così buona. "Mi pareva non solo che Aristotele fosse stato ignorante di meccanica, ma anche un pessimo studioso di fisica... i suoi scritti mi sembravano pieni di errori madornali sia di logica sia di osservazione empirica."[17] Il suo sguardo corre fuori dalla finestra, alle piante rampicanti che proiettano la propria ombra sulla strada.

"D'improvviso, nella mia testa i frammenti si ordinarono in modo nuovo e di colpo si ricomposero insieme. Rimasi a bocca aperta, perché di colpo Aristote-

[17] T.S. Kuhn, "What are Scientific Revolutions?", in L. Krüger et al. (eds.), *The Probabilistic Revolution*, Cambridge, MIT Press, 1987; trad. it., *Le rivoluzioni scientifiche*, Bologna, il Mulino, 2008, p. 28 e segg. Dallo stesso testo provengono anche le citazioni successive.

le mi parve un fisico eccellente, ma di un genere al quale non mi sarei neppure sognato di pensare." Aristotele non era semplicemente un "Newton scadente": le sue idee andavano comprese in una tradizione del tutto diversa. Il giovane fisico Thomas Kuhn (1922-1996) aveva sperimentato in prima persona quel tipo di esperienza che caratterizza il mutamento rivoluzionario delle idee scientifiche, quel mutamento che non può essere sperimentato "a pezzetti, un passo alla volta", ma assomiglia a una ristrutturazione della percezione: "Quelle che nel mondo dello scienziato prima della rivoluzione erano anatre, appaiono dopo come conigli."

Quell'intuizione originaria resta in incubazione per oltre un decennio, finché "l'ultimo pezzo del mio rompicapo fu sistemato al posto giusto". Alla fine degli anni cinquanta, Kuhn trascorre un anno in un centro di studi avanzati, lavorando a stretto contatto con scienziati sociali.

Lo colpì il tempo che questi dedicavano a discutere e dissentire su principi fondamentali e metodi, rispetto agli scienziati naturali che Kuhn era abituato a frequentare. "Mentre cercavo di scoprire la fonte di questa differenza, fui portato a riconoscere il ruolo che, nella ricerca scientifica, svolgono quelli che da allora ho chiamato i paradigmi."

La struttura delle rivoluzioni scientifiche viene pubblicato nel 1962. Le reazioni, soprattutto dal mondo scientifico, sono in un primo momento assai tiepide. "Molto rumore per nulla," lo liquida una recensione su *Scientific American*. Le vendite inizialmente languono: meno di mille copie nei primi due anni. Ma col tempo l'influenza del libro è enorme e si espande in ogni campo. Le statistiche di Google Books rivelano che il termine "paradigma", pressoché assente dalle pubblicazioni fino agli anni sessanta, ha enormemente accresciuto la propria diffusione, arrivando a essere citato in oltre duecentomila volumi alla fine degli anni duemila. "Cambio di paradigma" è diventata espressione comune e parola d'ordine di uomini d'affari, esponenti politici e perfino allenatori sportivi e musicisti rock; il batterista dei Police, Stewart Copeland, definisce "un paradigma per il cosmo il modo reggae di suonare la batteria, completamente diverso da quello in voga nel rock".[18] In questi cinquant'anni si calcola che il libro di Kuhn abbia venduto nel mondo quasi un milione e mezzo di copie, diventando uno dei testi accademici più citati di sempre. Un esito forse sconcertante per lo stesso autore, "rivoluzionario riluttante" (così lo definì una delle ultime interviste concesse).

Cinquant'anni dopo, si discute ancora su quanto le idee di Kuhn possano illu-

[18] Intervista di J. Holland a S. Copeland, visibile su YouTube.

minarci sullo sviluppo della scienza contemporanea. Per esempio, se vi saranno ancora rivoluzioni sul modello di quelle che avevano ispirato lo studioso americano, o se invece lo scenario dominante sarà di "scienza normale", quella che elabora e rifinisce il paradigma corrente.

Ciò che è certo è che lo sviluppo della sua teoria ci offre una straordinaria lezione sull'importanza di fare incontrare i diversi saperi al di là degli steccati disciplinari: senza quella richiesta di insegnare un po' di fisica agli umanisti, e senza il cortocircuito con quegli scienziati sociali tanto litigiosi, forse Kuhn non sarebbe mai arrivato a mettere insieme tutti i pezzi del suo rompicapo tra rivoluzioni e paradigmi.

1903-1933, il Monopoly

L'innovazione in una società pluralista

Estate 1903. Arden, nel Delaware, è una comunità fondata sulle idee dell'economista e politico Henry George, teorico della "tassa unica" sulle proprietà fondiarie e della condivisione delle risorse naturali. L'inventrice di giochi Elizabeth Magie, in visita presso alcuni conoscenti, racconta di avere un'idea per un gioco da tavolo. Ne parla con un falegname,

Robert Woolery, appassionato giocatore di scacchi, da tempo alla ricerca di nuovi tipi di gioco. Woolery realizza una tavola in legno sulla base delle istruzioni della Magie.

Nasce così il Landlord's Game, il gioco del proprietario terriero, e se avete giocato a Monopoly almeno una volta, vi riconoscerete subito qualcosa di familiare. Nel giro di un paio di anni, forse anche grazie ai contributi dei giocatori, in quel contesto impregnato delle idee georgiane, il Landlord's Game diviene il simbolo degli effetti perversi del latifondismo e dei benefici della cooperazione. Brevettato dalla Magie nel 1904, il gioco si diffonde negli ambienti socialisti; un economista originario di Arden lo introduce ai suoi studenti a Wharton, per illustrare loro "la natura antisociale dei monopòli".[19] Agli inizi del

[19] C. Ketcham, "Monopoly Is Theft", in *Harper's Magazine*, 19 ottobre 2012.

decennio successivo il gioco è già popolare tra gli studenti di numerose altre università, che ne fanno le proprie copie come se si trattasse ormai di un gioco tradizionale quale gli scacchi o la dama, chiamandolo sbrigativamente "Monopoly". Altri giocatori, tra cui due fratelli della comunità quacchera di Atlantic City, ne semplificano alcune regole per renderlo più abbordabile ai bambini, cambiano le pedine, i nomi e i valori delle proprietà. Quando il gioco arriva al meccanico di Filadelfia Charles Darrow, ha ormai perso ogni traccia di critica del capitalismo; l'obiettivo del gioco è semplicemente quello di mandare in bancarotta gli altri giocatori. Darrow mette a punto con piccoli aggiustamenti la propria versione del gioco e nel 1933 la propone alla Parker Brothers, che in prima battuta la boccia solennemente riscontrando – così vuole la leggenda – ben cinquantaquattro errori (il gioco viene, tra l'altro, considerato troppo lungo e complesso).

Darrow non si rassegna e inizia a distribuire personalmente il gioco. Nel frattempo, in piena crisi economica, la Parker Brothers si avvicina al fallimento; quasi per disperazione, riprende in mano il gioco e nel 1935 lo lancia ufficialmente. Poco dopo è sopraffatta dalle richieste: in un paio d'anni vengono vendute due milioni di scatole di Monopoly.

Così, per una perfida ironia, un gioco che era nato per evidenziare i rischi della concentrazione di proprietà, al cui sviluppo avevano contribuito numerosi soggetti e comunità (adattando le regole, e perfino dandogli il nome), divenne proprietà di un singolo individuo e azienda.

Da allora a oggi il Monopoly è il gioco da tavolo registrato (cioè non di dominio pubblico come gli scacchi o la dama) più venduto della storia (si stima che sia stato giocato da un miliardo di persone in oltre centodieci lingue e in innumerevoli varianti). In Italia fu introdotto dalla Editrice Giochi; poiché si era in epoca di autarchia linguistica, fu italianizzato in "Monopoli" e anche le strade furono tradotte in italiano: "Boardwalk" divenne "Parco della Vittoria", "North Carolina Avenue" divenne "Corso Impero" e così via.

Nel 1971, un professore di economia in pensione, Ralph Anspach, vive l'umiliazione della bancarotta in una partita a Monopoly con il figlio di otto anni. Da qui l'idea di un gioco che consista esplicitamente nella sfida ai monopolisti, riscattando lo spirito e le intenzioni pedagogiche originarie del Landlord Game della Magie. Crea così l'"Anti-Monopoly", che pare subito avviato a un certo successo, arrivando a vendere un milione di copie. Nasce una lunga disputa legale sul nome con la Parker Brothers, poi risolta con un accordo di licenza.

A ognuno il suo Monopoly, quindi: notevole esempio di innovazione in una società pluralista, capace di incorporare i più diversi contributi e suggerimenti e di prestarsi a significati e usi perfino antitetici tra loro.

1968, il mouse: il topolino che portò il computer nelle nostre case

Nessuna innovazione è un'isola

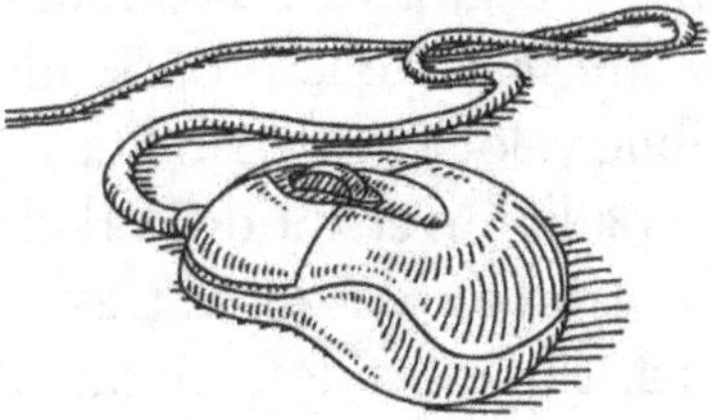

1942. La guerra strappa il diciassettenne Douglas Engelbart agli studi appena iniziati. Nella marina militare è assegnato ai controlli radar. Al termine della guerra, neolaureato in ingegneria elettronica, entra in un laboratorio di ricerca aerospaziale in California. Osservando il lavoro di alcuni colleghi, e ripensando al suo utilizzo dei radar nel periodo bellico, ha quella che lui stesso chiama "un'epifania". Si immagina che quelle persone sedute davanti agli schermi "possano viaggiare in uno spazio informativo che permetta loro di sfruttare al meglio le loro capacità sensoriali, percettive e cognitive... di comunicare e organizzare insieme le proprie idee con incredibile velocità e flessibilità".[20]

Torna all'Università di Berkeley per fare il dottorato; da qui si trasferisce a Stanford, dove fonda l'Augmentation Research Center (ARC) grazie al sostegno finanziario dell'aeronautica militare e della NASA. Uno dei problemi che si trova ad affrontare con il proprio team è quello dei sistemi per interagire con i computer e posizionare il cursore sullo schermo. Dopo aver scartato un sistema di controllo basato sui movimenti del ginocchio dell'operatore, nel 1964 arriva con l'ingegnere William English a una soluzione che gli

[20] www.dougengelbart.org.

sembra soddisfacente. È una scatolina di legno con due ruote; poiché il filo che esce dalla scatolina assomiglia alla coda di un topolino, Engelbart e i suoi colleghi la battezzano "mouse". Altri sistemi molto simili vengono sviluppati in quegli anni e perfino prima: una *trackball* dalla marina militare canadese e una *Rollkugel* dall'azienda tedesca Telefunken. Ma per vari motivi (segretezza militare, sottovalutazione di un apparecchio così minuscolo) nessuno viene brevettato. Engelbart presenta una richiesta di brevetto per il proprio mouse nel 1967, ma soprattutto ne intuisce il potenziale in relazione allo sviluppo dei computer.

Nel dicembre 1968, a uno dei convegni più importanti del settore informatico, Engelbart fa "la madre di tutte le dimostrazioni". Utilizzando uno dei primi videoproiettori, mostra su un grande schermo come un sistema interattivo in rete renda possibile a un gruppo di scienziati di interagire e scambiare informazioni. Per muoversi tra i diversi “menu” e finestre usa, per l’appunto, quella nuova scatolina simile a un topolino. I partecipanti sono impressionati; la presentazione sarà a lungo ricordata come uno dei momenti cruciali di presa di coscienza delle potenzialità del computer.

Il mouse fa la sua comparsa ufficiale in alcuni modelli di computer Xerox negli anni settanta, ma è solo nel decennio successivo che inizia a diffondersi, quando la Microsoft decide di sviluppare una versione mouse-compatibile di Microsoft Word e soprattutto quando fa la sua apparizione il Macintosh 128K. La prima versione del mouse aveva tre tasti, ma Engelbart pensava che ne potesse avere fino a dieci. Steve Jobs e i designer della Macintosh scelsero di semplificare la vita all’utilizzatore, riducendo le possibilità di premere il tasto sbagliato: meglio un bottone solo.

Il mouse ci ricorda anche, parafrasando il famoso verso di John Donne, che "nessuna innovazione è un'isola". Ogni tecnologia vive in un ecosistema di altre tecnologie, pratiche, abitudini, accessori. Prima del mouse, il computer era ancora un oggetto per specialisti; prima che un assistente di Bell aggiungesse il caratteristico trillo come segnale di chiamata in entrata, il telefono non era molto pratico come strumento di comunicazione, giacché per sapere se qualcuno ti stava chiamando occorreva periodicamente sollevare il ricevitore; prima delle carte prepagate e prima che i messaggi di testo emergessero come applicazione di grande attrattiva, soprattutto per i consumatori più giovani, i telefoni cellulari erano considerati un prodotto per pochi uomini d'affari.

Altre innovazioni del settore sono state ampiamente celebrate; ma se i computer e, più in generale, le tecnologie digitali sono divenute, da ingombranti apparecchiature per addetti ai lavori, parte integrante delle nostre vite quotidiane, è stato anche grazie al mouse di Engelbart: quella scatolina con la coda, madre di tutti i *touch* oggi così pervasivi, che per prima ci dette l'illusione di poter davvero toccare l'informazione.

1901, il premio Nobel, testamento innovativo

La più grande invenzione dell'uomo che aveva 355 brevetti

Nel cuore della città vecchia di Stoccolma, in una piazza sempre affollata di turisti, si trova il Museo Nobel. Il Museo, che occupa i locali dell'antica Borsa Merci, introduce il visitatore al passato e al presente di quella che è forse la più nota istituzione svedese su scala globale.

Il premio Nobel nasce nel 1901 sulla base della volontà testamentaria di Alfred

Nobel (1833-1896), chimico, inventore e imprenditore, titolare di 355 brevetti, tra cui quelli della dinamite e della gelatina esplosiva.

Secondo alcune interpretazioni, a spingere Nobel a istituire il premio contribuì anche un episodio avvenuto alcuni anni prima, quando per errore, alla morte del fratello Ludvig, fu pubblicato il necrologio di Alfred, che lo descriveva come "mercante di morte". Desideroso di essere ricordato in modo diverso, nel novembre 1895 Nobel scrisse da solo nella sua casa di Parigi, senza consultarsi con alcun legale, poche righe che avrebbero cambiato la scienza e la sua immagine pubblica. Alcuni giorni dopo le firmò alla presenza di quattro testimoni.

In quell'ultimo testamento, che annullava formalmente tutti i precedenti, riduceva in modo significativo la quota spettante agli eredi, stabilendo che gran parte del suo patrimonio fosse destinato a premiare la più importante scoperta o invenzione in fisica, chimica, fisiologia o medicina; "l'opera letteraria più notevole di ispirazione idealistica"; "la personalità che avrà più contribuito al ravvicinamento tra i popoli". Specificò altresì il suo desiderio che il premio fosse assegnato "ai più degni, senza considerazione di nazionalità".

Il testamento fu duramente avversato, oltre che da alcuni eredi, da una parte della stampa e dell'opinione pubblica, che non vedeva con favore la "poco patriottica" destinazione di quelle enormi somme a studiosi internazionali, mostrandosi scettica anche sull'adeguatezza e imparzialità delle istituzioni deputate a scegliere i premiati.

Da allora, ogni 10 dicembre, anniversario della morte di Nobel, scienziati e scrittori ricevono il premio – il cui valore attualmente sfiora il milione di euro – dalle mani del re di Svezia. E ogni anno, a ottobre, tutto il mondo attende che l'Accademia reale delle scienze, l'Istituto Karolinska e l'Accademia svedese annuncino i nomi dei nuovi prescelti.

Per uno scienziato resta la massima consacrazione, oltre che una garanzia di visibilità pubblica e mediatica. "Papà, i nostri compagni di scuola pensano che tu sia un fico!" Così i figli di Peter Agre accolsero il padre, allorché si diffuse la notizia che gli era stato assegnato il premio Nobel per la chimica 2003. "Prima di allora non si erano mai interessati al mio lavoro," commentò stupito lo scienziato, comprendendo di essere entrato nel circolo ristretto dei cosiddetti "scienziati visibili", quell'élite di ricercatori dal prestigio quasi inattaccabile e dalla reputazione in grado di aprire ogni porta.

Il premio Nobel prelude spesso a un'ampia gamma di ulteriori riconoscimenti e benefici. Il fisico Robert Millikan ricevette dopo il Nobel venti titoli universitari onorifici e sedici altri premi significativi; il chimico Harold Urey calcolò i benefici economici derivanti dal Nobel in "quattro o cinque volte la somma ricevuta per il premio".[21]

Talvolta sono i colleghi scienziati a sperimentare dolorosamente il nuovo status "intoccabile" del premiato. Nel 1996, una commissione di esperti britannici bocciò la richiesta di finanziamento presentata dal chimico Harold Kroto. Due ore dopo, anche l'Accademia reale delle scienze di Svezia emise il proprio verdetto: premio Nobel a Robert Curl Jr., Richard Smalley e Harold Kroto, "per aver cambiato il nostro modo di pensare in fisica e chimica con la loro scoperta del fullerene". La commissione britannica dovette precipitosamente riconvocarsi e rovesciare la propria decisione, concedendo stavolta il finanziamento a Kroto.

[21] H. Zuckerman, *The Scientific Elite*, New Brunswick [1977], Transaction, 1996, pp. 236-237.

Non di rado è lo stesso premio Nobel a subire il contraccolpo della popolarità. "Siamo inondati di lettere e di visite di fotografi e giornalisti," si lamentava, già nel 1903, dopo il suo primo premio Nobel in fisica (sarà tra i pochissimi a riceverne un altro, per la chimica), Marie Curie, forse la prima vera grande "star" scientifica ad avere grande impatto anche in campo mediatico. Francis Crick, premiato con James Watson per la scoperta della struttura del DNA, aveva finito per concepire un modulo prestampato in cui si dispiaceva "di non essere in grado di soddisfare la sua richiesta di..." barrando poi la casella corrispondente ("tenere una conferenza", "comparire in tv", "scrivere un libro").

Ma cosa ha reso, fin quasi dall'inizio, il premio Nobel una tale garanzia di riconoscimento e popolarità? In primo luogo, l'entità della cifra e i contenuti del testamento di Alfred Nobel, subito enfatizzati dai giornali di tutto il mondo.

Inoltre, la percezione diffusa – anche se di fatto infondata – che i premi riflettessero una competizione pacifica tra nazioni, in maniera non dissimile dai giochi olimpici rivitalizzati in quegli anni. La stessa collocazione del premio Nobel nella neutrale Svezia ha contribuito a enfatizzare il carattere "universale" della pratica della scienza, il suo porsi al di sopra delle divisioni e degli schieramenti politici anche nei periodi di più intensa contrapposizione tra Stati (le due guerre o la stagione della guerra fredda).

E poi naturalmente la proverbiale discrezione sul processo di selezione, la qualità delle scelte, la popolarità di cui godevano alcuni dei primi prescelti già prima del Nobel (come per esempio Marconi, che con il premio consolidò ulteriormente una notorietà già cospicua anche presso il grande pubblico).

Oggi le dinamiche della visibilità innescate da un riconoscimento come il Nobel appaiono ancora più esasperate e significative. In uno scenario di proliferazione di contenuti e di crescente competizione per l'attenzione, i premiati a Stoccolma divengono veri e propri "brand" spendibili, non solo in campo scientifico, ma nei settori e sugli argomenti più disparati. Così, la presenza di un premio Nobel nel *board* di un'azienda *hi-tech* può diventare un prezioso strumento di legittimazione; una sua visita a un istituto di ricerca o l'adesione a una raccolta fondi può avere riflessi significativi sulla visibilità di istituzioni o iniziative; e perfino entrare nella storia dello spettacolo, come capitò una quindicina di anni fa con Renato Dulbecco al Festival di Sanremo.

In più di un secolo non sono mancate scelte discusse e vicende controverse – si pensi ad Albert Einstein, più volte nominato senza successo e premiato dopo lunghe discussioni solo nel 1922 con il premio non assegnato nel 1921, e non per la teoria della relatività, bensì per "la scoperta della legge dell'effetto fotoelettrico". Ma non c'è dubbio che il Nobel abbia avuto un ruolo importante nel dar forma e forza all'immagine pubblica della scienza, contribuendo a far conoscere alcuni dei suoi principali protagonisti. Oltre cento anni dopo, resta l'invenzione di maggior successo dell'uomo che aveva in tasca 355 brevetti.

1968, il sintetizzatore porta il suono del futuro (e Bach) in testa alle classifiche

Se non riesci a convincere il tuo pubblico, cambia pubblico!

1964: al convegno della Audio Engineering Society, un ingegnere trentenne presenta un contributo dal titolo poco appariscente, "Voltage-Controlled Electronic Music Modules". Offre anche una dimostrazione pratica con un prototipo costruito da lui, che suscita una certa curiosità tra i colleghi, ma niente di più. In quell'occasione e negli anni successivi, cerca faticosamente di convincere i colleghi che il futuro della musica è nelle strane apparecchiature piene di cavi e manopole che costruisce con la propria azienda.

Passano quattro anni e nel 1968 quell'ingegnere, Robert Moog, si ripresenta alla Audio Engineering Society. Il pubblico ascolta con scetticismo. Moog chiede di poter terminare la presentazione con una piccola dimostrazione pratica. Fa partire un nastro e la musica di Bach, in una strana versione elettronica, riempie la sala, finché esplode un applauso. Moog sente finalmente di essere sulla strada giusta per far apprezzare il suo sintetizzatore come la più grande innovazione musicale dai tempi del sassofono. Il nastro contiene l'ultimo movimento del terzo concerto brandeburghese di Johann Sebastian Bach, eseguito da Walter Carlos (che in seguito avrebbe cambiato sesso, divenendo Wendy Carlos).

Pianista prodigio, Carlos ha studiato composizione e fisica e ha un chiodo fisso: dimostrare che la musica elettronica non deve necessariamente essere ostica per l'ascoltatore. Entra in contatto con la produttrice Rachel Elkind. Quest'ultima all'inizio è scettica, ma quando sente Carlos suonare un brano del suddetto concerto non ha dubbi: faranno un album di solo Bach, interamente suonato al sintetizzatore. Grazie ai propri contatti, riesce faticosamente a convincere l'allora Columbia (poi CBS) a investire qualche spicciolo nella bislacca impresa. Inizia un lavoro a dir poco certosino: poiché si può ottenere un suono alla volta, ogni passaggio richiede l'assemblaggio di diverse tracce e metronomica precisione da parte di Carlos. Le due creano addirittura un sistema dedicato di notazione musicale e Moog stesso deve intervenire per sviluppare nuovi moduli su misura. *Switched-On Bach* esce in sordina a settembre 1968. Passano i mesi, e i dirigenti della Columbia, guardando i dati di vendita, pensano di avere le allucinazioni. Quella musica che nessuno potrà mai eseguire dal vivo prima sfreccia davanti a tutti gli altri album di musica classica, poi addirittura entra nelle classifiche pop, salendo addirittura nei top 10. Con oltre cinquecentomila copie vendute, resterà in classifica più di un anno e vincerà tre Grammy Award. Forti dell'inaspettato successo, Carlos ed Elkind concepiscono una nuova ardita impresa: creare il primo brano elettronico "vocale" lavorando sulla *Nona sinfonia* di Beethoven. Negli stessi giorni, un amico regala a Carlos il libro di Anthony Burgess, *Arancia meccanica*, che diventa subito fonte di ispirazione per il suo progetto musicale. Quando scopre che il regista Stanley Kubrick sta girando un film tratto dal libro, gli fa avere un nastro. Il resto lo sapete: uno dei capolavori del cinema e una delle colonne sonore più memorabili di ogni tempo (anche se Kubrick utilizzerà solo una parte dei brani di Carlos/Elkind).

Il suono del sintetizzatore entra così nelle case e nelle sale cinematografiche. Moog, da parte sua, ha imparato una lezione fondamentale sull'innovazione: se non riesci a convincere il tuo pubblico, cambia pubblico. Per anni si era ostinato a presentare le sue macchine a ingegneri e musicisti d'avanguardia; forse poteva sfondare nel mercato della musica pop. Foto d'epoca lo ritraggono nella bolgia dei grandi festival rock mentre illustra imperturbabile, camicia bianca a mezze maniche e penna nel taschino, le potenzialità della nuova musica sintetica ai divi del rock. Anche grazie al successo di *Switched-On Bach*, il sintetizzatore inizia a fare capolino nei dischi di musicisti come Simon & Garfunkel e Beatles (lo si sente, tra l'altro, nel brano *Here Comes the Sun*, nell'album *Abbey Road*).

Passato l'entusiasmo iniziale, però, gli ordini latitano; il *moog* sembra destinato a essere una moda passeggera e l'azienda è sull'orlo della bancarotta. Per i musicisti pop rock è complesso da utilizzare, costoso e non si presta ai concerti live. Mentre Moog è via per un giro di conferenze, i suoi tecnici ne mettono a punto una versione "semplificata" e compatta: il *minimoog*. Quando torna, il capo è indignato: chi può volere quel trabiccolo dalle potenzialità così limitate? Si sbaglia di grosso. I nuovi "eroi della tastiera" dell'emergente genere *progressive* lo riconoscono subito come potenziale espansione del proprio strumento. Keith Emerson è uno dei primi a portarselo in tour. Il suo assolo di moog sul brano *Lucky Man* si rivela la migliore pubblicità possibile. "Se Emerson suonava a Boston, ricevevamo trenta ordini da Boston," ricorda un addetto commerciale. E pazienza, se la regolazione è ancora complessa e non si è mai certi di poter riprodurre lo stesso suono: i nuovi entusiasti utilizzatori non si fanno scoraggiare (pare che Rick Wakeman degli Yes ne compri ben tredici esemplari, lasciando così impostata su ciascuno una specifica sonorità). Secondo il sociologo della tecnologia Trevor Pinch, il nuovo strumento risuona in quegli anni anche con l'aspirazione di certi ambienti artistici "all'espansione della coscienza". "Non sapevi mai bene cosa poteva venirne fuori," spiega, "era l'equivalente sonoro di un trip con gli acidi."[22]

Nel 1972 il moog arriva in testa anche alle classifiche italiane dei 45 giri, con il brano strumentale *Il gabbiano infelice* del Guardiano del Faro. In quegli anni, aziende come la britannica EMS sviluppano l'intuizione dei tecnici di Moog, producendo altri modelli di sintetizzatori ancor più "portatili", oltre che economicamente più abbordabili, immediatamente adottati

[22] Dal documentario BBC *What the Future Sounded Like*, visibile su YouTube.

da artisti come Roxy Music, Jean Michel Jarre, Franco Battiato (che acquistò il secondo esemplare di EMS VCS3, subito dopo che il primo era stato acquistato dai Pink Floyd); il loro suono contribuisce a caratterizzare, tra l'altro, *The Dark Side of the Moon* dei Pink Floyd (1973), uno degli album più venduti di tutti i tempi.

Ma non è finita. Berlino, 1977: David Bowie sta registrando il suo album *Heroes* agli Hansa Studios. Brian Eno si presenta eccitato con un disco in mano: "Ho sentito il suono del futuro." Lo mette sul piatto: è *I Feel Love* di Donna Summer, realizzato da Giorgio Moroder accantonando, contro ogni convenzione del genere, archi e strumentazione tradizionale a favore di un sintetizzatore moog. Un decennio dopo la storica presentazione di Moog, il sintetizzatore fa il suo ingresso trionfale anche in discoteca.

1873, il filo spinato imita la natura

Che cos'hanno in comune un treno ad alta velocità giapponese e un martin pescatore?

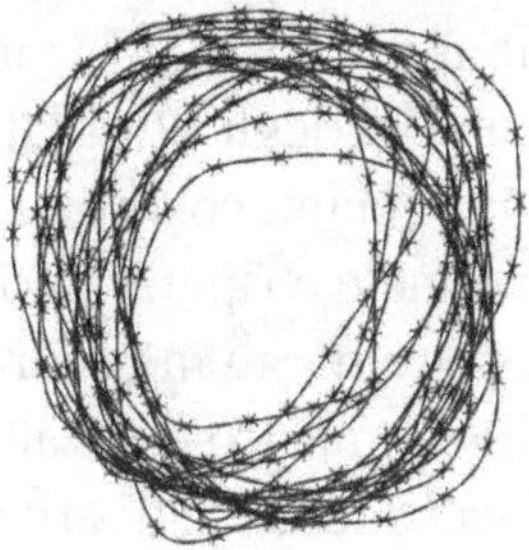

Non lo troverete mai citato da chi inneggia all'innovazione e alla creatività, ma se un giorno vi chiedessero un esempio di innovazione semplice, efficace, a basso costo ed elevato impatto, scegliete questo.

Siamo intorno al 1870, la nazione americana si sta espandendo verso il West, delimitare proprietà e proteggere i raccolti agricoli dalle mandrie è una necessità impellente per i coloni. Inizialmente si costruiscono staccionate in legno ma il legname è costoso e in alcune aree occidentali non facile da reperire; si impiega molto tempo a costruirle e spesso altrettanto a ripararle. Nel 1871, il ministero dell'agricoltura degli Stati Uniti calcola che costruire recinti costa quanto l'intero debito nazionale e ripararli costa quanto tutte le entrate fiscali messe insieme.

Urge, insomma, trovare l'alternativa. E l'alternativa in teoria c'è, offerta direttamente dalla natura. Si può coltivare come recinto una siepe di arbusti. Una pianta, in particolare, si rivela estremamente adatta. È la *maclura*, un arbusto basso con rami spinosi che dal Texas e dal Kansas si diffonde rapidamente in molte regioni: i semi diventano presto merce molto richiesta. Funziona, ma ha i tipici inconvenienti di una pianta: cresce piano, non si può spostare facilmente, attira vermi, insetti ed erbacce.

A una fiera nell'Illinois, nel 1873, un agricoltore espone una sua invenzione che assomiglia parecchio alla maclura: è un bastoncino su cui sono stati applicati lunghi chiodi, in modo da far sporgere le punte come spine, adatto a essere applicato su un normale recinto di filo di ferro. Due visitatori ne sono particolarmente colpiti. Uno è un commerciante di ferramenta, Isaac Ellwood; l'altro, un agricoltore, Joseph Glidden. La loro idea è incorporare le punte acuminate direttamente nel filo metallico. Il brevetto che Glidden deposita nel 1874 è un modello di semplicità ed economia, e l'avete senz'altro visto almeno una volta nella vita (si spera per voi senza toccarlo o urtarlo): un cavo formato da due fili attorcigliati che incorpora a intervalli regolari delle punte ricurve.

Il successo è immediato: in quello stesso anno si sfornano già 45 quintali di recinti; nel 1880 se ne spediscono per ferrovia 36.500 tonnellate. Difficile sottovalutarne l'impatto. Secondo uno storico della tecnologia, il filo "rivoluzionò la tecnica di costruzione dei recinti in America e in altre parti del mondo, facilitò il movimento migratorio verso ovest, portò i frutti della rivoluzione industriale nelle campagne ed ebbe profonde ripercussioni in numerosi rami di attività come l'agricoltura, l'allevamento del bestiame, l'arte della guerra, l'amministrazione carceraria".[23] Simbolo ambivalente di protezione della proprietà privata, segregazione, esclusione e conflitto, metafora di ogni divisione, tragica metonimia dei campi di concentramento, l'uso del filo spinato segnò così profondamente la Prima guerra mondiale da ispirare *Hanging on the Old Barbed Wires* ("A penzoloni su vecchi recinti di filo spinato"), canzone antimilitarista dei soldati inglesi. Nella copertina di *Scarecrow*, uno

[23] G. Basalla, *The Evolution of Technology*, Cambridge, Cambridge University Press, 1988; trad. it., *L'evoluzione della tecnologia*, Milano, Rizzoli, 1991, p. 81.

degli album più venduti e caratteristici del rock americano, John Cougar Mellencamp si fa fotografare appoggiato a una recinzione di filo spinato.

Il filo spinato è un esempio di come un'innovazione estremamente semplice, che non richiedeva nuova tecnologia né particolare abilità tecnica, possa avere un impatto estremamente significativo in un certo contesto. È anche un esempio "del processo attraverso il quale un oggetto naturale si trasforma in manufatto, e mostra che anche il più semplice dei manufatti ha un precedente".[24]

Oggi siamo ormai assuefatti a una visione dell'innovazione come momento di stacco e rottura, ma a lungo l'imitazione – per esempio come combinazione selettiva di elementi presi dalla natura – è stata strettamente associata all'invenzione e considerata una delle modalità

[24] G. Basalla, *op. cit.*, pp. 81-82.

principali di innovazione. "Queste cose sono nuove, totalmente nuove," scrive il filosofo Francesco Bacone nella dedica al sovrano della sua *Instauratio magna*, "e tuttavia sono copiate da un modello molto antico: il mondo stesso e la natura delle cose e della mente."[25] Quando descrive il laboratorio ideale della sua utopistica *Nuova Atlantide*, Bacone elenca

> pozzi e sorgenti fatte a imitazione delle sorgenti naturali [...], calori che imitano quelli del sole [...], strumenti in grado di imitare il volo degli uccelli [...], imitare profumi e sapori così perfettamente da poter ingannare il gusto di qualunque uomo.[26]

Il filo spinato è solo uno tra i numerosi esempi di innovazioni ispirate a elementi

[25] F. Bacon, *Works*, IV, ed. J. Spedding-R.L. Ellis-D.D. Heath, London, Longman, 1858, p. 11.

[26] F. Bacon, *New Atlantis*, 1626; trad. it., *La nuova Atlantide*, Milano, Tea, 1991, pp. 103 e segg.

del mondo naturale. Una passeggiata all'aria aperta portò il naturalista René-Antoine Ferchault de Réaumur a scoprire che le vespe ingerivano frammenti di legno e li digerivano per produrre la carta dei propri nidi. Carta dal legno! Proprio quello che ci voleva, in un'epoca in cui la carta prodotta da stracci era sempre più scarsa e costosa. Réaumur comunicò la sua scoperta ai colleghi dell'Académie des sciences nel 1719, prefigurando con grande chiarezza come si sarebbe potuta produrre carta imitando questi insetti.

> Le Vespe Americane, che fanno un sì bel cartone, vanno apparentemente, come le nostre, a strappare le fibre del legno nei paesi dove abitano. [...] Le une e le altre c'insegnano, che si può fare della carta colle fibre delle piante senza prima averle ridotte panno lino, o straccio; e pare che loro c'invitino a sperimentare se potessimo fare della carta bella e buona, impiegan-

> do immediatamente certi legni. Se noi ne abbiamo di simili a quelli, onde le vespe d'America si servono per il loro cartone, noi potremmo fare con questo legno la carta più bianca [...].[27]

Ma egli non era né un inventore, né un imprenditore, e ci volle più di un secolo prima che si cominciasse effettivamente a produrre carta dal legno imitando le operose vespe osservate dallo scienziato francese.

La forma del seme alato della pianta asiatica *Alsomitra macrocarpa*, capace di planare per centinaia di metri grazie ad ali leggerissime, ispirò, agli inizi del Novecento, i progetti di alianti dell'industriale e appassionato di volo boemo Igo Etrich. Il suo velivolo senza coda costruito

[27] "Storia delle Vespe del signor Réaumur" recitata nell'Accademia Reale addì 15 novembre 1719, trad. it. in *Memorie della Real Accademia delle scienze di Parigi*, Venezia, Bassaglia, 1750, vol. VI, p. 315.

a imitazione del seme è spesso ricordato come protagonista del primo volo stabile e riuscito guidato da un essere umano. Una versione sviluppata con una coda simile a quella delle colombe e un motore fu addirittura prodotta in oltre cinquecento esemplari, per usi civili e militari, tra il 1910 e il 1914. Nella sua versione "tecnica", la forma ci è divenuta così familiare che chi guarda oggi il seme dell'*Alsomitra* vi vede "un pisello nell'abitacolo di un aliante".

Negli anni novanta, l'ingegnere giapponese Eiji Nakatsu ricevette l'incarico di ridurre l'inquinamento sonoro causato dai treni sulle reti ad alta velocità Shinkansen. Nakatsu vide sul giornale l'annuncio di una conferenza di un esperto di aerodinamica e appassionato ornitologo. Qui scoprì che il gufo riesce a volare nel silenzio quasi totale in modo da non insospettire la propria preda. Si fece prestare un gufo impagliato dallo zoo municipale di Osaka e condusse con i propri tecnici ripetute prove nella galleria del vento, scoprendo che la chiave era una particolare conformazione delle piume delle ali. Il pantografo del treno fu disegnato in modo da imitare questa conformazione, riducendo così la turbolenza. L'esperienza portò il team di Nakatsu a pensare di risolvere in modo simile anche un altro problema. Entrando ad alta velocità nelle molte e strette gallerie tra Osaka e Hakata, il treno causava vibrazioni ed esplosioni sonore tali da infastidire gli abitanti nel raggio di quattrocento metri. In un momento di sconforto, un tecnico disse che quando il treno entrava nel tunnel, sembrava quasi contrarsi. Nakatsu pensò che l'effetto fosse dovuto a un improvviso cambiamento nella resistenza dell'aria. "C'è un essere vivente che quotidianamente deve gestire improvvisi cambi nella resistenza nell'aria?" C'era: l'uccello noto come martin pescatore passa dall'aria (bassa resistenza) all'acqua (alta resistenza) per catturare le proprie prede, senza provocare spruzzi. Dopo varie prove, il team concluse che la forma ideale per il treno era molto simile a quella del becco del martin pescatore. Così, la serie 500 del treno fu dotata di un "becco" di quindici metri, capace di ridurre la pressione dell'aria del 30% e i consumi del 15%, pur aumentando al tempo stesso la velocità; la riduzione nei cambi di pressione in galleria rese più confortevole anche l'esperienza dei passeggeri.

Alcuni tipi di costumi da nuoto ad alta tecnologia molto in voga qualche anno fa tra i nuotatori professionisti sarebbero stati ispirati, secondo i produttori, alla conformazione della pelle di squalo e alla sua capacità di ridurre la resistenza dell'acqua. Dopo aver contribuito all'abbattimento di ben centotrenta record del mondo ed essere stati indossati da quasi tutti gli atleti sul podio alle Olimpiadi di

Pechino del 2008, questa tecnologia è rapidamente divenuta controversa e è stata bandita dalla Federazione internazionale di nuoto a partire dal 2010.

Ma anche chi non ha mai viaggiato su un treno Shinkansen o non ha mai nuotato in una corsia accanto a Federica Pellegrini ha provato una delle più diffuse innovazioni modellate sul mondo naturale, ispirata all'ingegnere svizzero Georges de Mestral da una passeggiata nel bosco negli anni quaranta. Mestral notò che il suo maglione e il pelo del cane erano coperti da piccoli frutti di bardana. Al microscopio osservò che i frutti si aggrappavano saldamente per farsi trasportare dagli animali grazie a piccoli uncini elastici, riuscendo poi altrettanto facilmente a staccarsi. Pensò di farne una versione artificiale in nylon basata su due parti di tessuto: una con tanti piccoli uncini simili a quelli della bardana, l'altra con tante piccole anse pronte ad accoglierli. Brevettato nel 1955, il *velcro* (contrazione di *velours*, velluto, e *crochet*, gancio) si rivelò ideale per la NASA, che aveva il problema di fissare gli oggetti degli astronauti durante le missioni spaziali, per evitare che "galleggiassero" creando pericoli nella navicella. Molto resistente se chiuso, e al tempo stesso facile da aprire, in seguito si diffuse, più in generale, come forma di chiusura a strappo. Anche in questo caso l'innovazione ispirata alla natura è ormai così familiare da divenire metafora per descrivere altre situazioni: lo staff del presidente americano Bush aveva coniato il neologismo "velcrosi" per descrivere la tendenza dei presenti, in occasione di apparizioni pubbliche del presidente, ad appiccicarglisi addosso, proprio come il velcro.

1962, la *Primavera silenziosa* di Rachel Carson

Come nacque la moderna "coscienza ambientale"

Il 27 settembre 1962 fa la sua comparsa nelle librerie americane un libretto dall'apparenza anonima. L'autrice, Rachel Carson, non fa parte dell'establishment scientifico più influente dell'epoca: biologa in un periodo ancora dominato dalla fisica e in particolare dagli studi sul nucleare, non è affiliata ad alcuna università. Ha lavorato nell'agenzia federale che si occupa della pesca e ha scoperto di poter unire le sue due grandi passioni: il mare e la scrittura. Temendo di non essere presa sul serio come esperta scientifica in quanto donna, ha firmato prudentemente i suoi primi articoli con le sole iniziali. Nei primi anni cinquanta il suo libro *The Sea Around Us* (*Il mare intorno a noi*), pubblicato a puntate sulla rivista *New Yorker*, parte di una fortunata trilogia di volumi dedicata alle meraviglie del mare, diventa un best seller e la sua autrice uno dei divulgatori più celebri degli Stati Uniti.

La lettera di un'amica che lamentava la morte di alcune specie di uccelli a seguito dell'uso di DDT in una zona rurale la spinge a raccogliere dati e pareri di esperti. Il risultato è un grido d'allarme sulle conseguenze dell'abuso di pesticidi per l'ambiente e la salute scritto con la stessa passione e lirismo dei libri precedenti – il titolo è tratto da una poesia di John Keats, *La Belle Dame Sans Merci*. Accompagnato dalle illustrazioni dei coniugi Darling, il suo grido d'allarme scuote le coscienze. *Primavera silenziosa* – così si intitola il libro nella versione italiana – diviene rapidamente un best seller in molte lingue; la rete televisiva CBS gli dedica uno speciale.

A dispetto di resistenze e voci scettiche, soprattutto da parte dell'industria chimica, l'allarme giunge fino al presidente Kennedy, che incarica una commissione di esperti di approfondire le questioni sollevate, portando infine a una regolamentazione più rigida dei pesticidi.

Ma Rachel Carson non può continuare a seguire il dibattito, né accogliere i premi e gli inviti che continuano ad arrivare: muore nel 1964, a cinquantasei anni, per un cancro contro cui aveva lottato durante tutta la stesura del libro. Oltre mezzo secolo dopo, si guarda ancora a *Primavera silenziosa*, tuttora ristampato, come a una delle scintille che hanno acceso la nostra coscienza ecologica, oltre che come a un esempio di quale impatto possa avere la parola scritta, se arriva al momento giusto.

In Italia e in tutta Europa un'altra tappa drammatica fu il disastro di Seveso, quando una nube di diossina fuoriuscì da uno stabilimento industriale, minacciando gravemente la salute dei residenti e quella dei bambini che sarebbero nati negli anni a venire. Anche questa volta fu soprattutto una donna, il medico ed esponente politico Laura Conti, a toccare con i suoi libri la sensibilità del pubblico. La "direttiva Seveso", introdotta a livello europeo in seguito all'incidente, stabilisce, tra l'altro, il diritto all'informazione per chi vive nei dintorni di siti industriali potenzialmente a rischio.

Oggi temi come il mutamento del clima e, più in generale, il rapporto con l'ambiente sono divenuti un elemento pervasivo del discorso pubblico. Uno dei ragazzi che rimasero impressionati dal libro della Carson, l'ex vicepresidente americano Al

Gore, ha ricevuto il premio Nobel per la pace per il suo impegno contro il riscaldamento globale. Alluvioni e frane, anche negli ultimi anni, ci ricordano la fragilità degli equilibri tra risorse naturali e utilizzo del territorio, tra interessi privati e interessi pubblici. Viviamo in una "società del rischio", come la definisce il sociologo Ulrich Beck, che altro non è che una società consapevole di non aver più un "fuori" in cui smaltire i propri rifiuti e, in generale, le conseguenze indesiderate delle proprie azioni.

1869, la tavola periodica degli elementi

Innovare per risparmiare spazio sui libri

1869, San Pietroburgo. Dmitrij Ivanovič Mendeleev è un giovane professore di chimica con un passato romanzesco. Siberiano, ultimo di quattordici figli, orfano di padre fin dall'adolescenza, ha compiuto con la madre un viaggio epico a cavallo fino a Mosca per studiare all'università. Rifiutato, non si è perso d'animo e si è spinto fino a San Pietroburgo, dove ha studiato prima di specializzarsi a Parigi e Heidelberg. All'epoca sta scrivendo un libro di testo, ma il primo volume di cinquecento pagine gli è bastato a malapena per descrivere i primi otto elementi e l'accordo con l'editore prevede due volumi in tutto.

Mendeleev si chiede se ci sia un modo per sintetizzare tutti quei dati e quelle diverse caratteristiche degli elementi, in cui lo studente rischia in ogni momento di perdere di vista i principi generali. Da quando lo scienziato italiano Stanislao Cannizzaro ha sviluppato il suo metodo di calcolo dei pesi atomici, sono sempre più numerosi i chimici che si arrovellano su come classificare e ordinare gli elementi. Mendeleev lavora a testa bassa per diverse settimane. Il 17 febbraio 1869 i proprietari di un caseificio locale con cui collabora lo attendono per una consulenza. Ma il chimico è troppo preso per allontanarsi dalla scrivania. Proprio sul retro della convocazione inviatagli dai produttori di formaggio, senza lasciare il tavolo dove ha appena fatto colazione, inizia ad abbozzare uno schema (il pezzo di carta è oggi esposto al Museo Mendeleev di San Pietroburgo, con tanto di macchia lasciata dalla tazza di caffè che vi fu appoggiata). Il risultato finale è ben più sintetico del volume concessogli: una tabella di una pagina che condensa tutte le informazioni principali. Tabella che con qualche adattamento (quella originale aveva gli elementi allineati in verticale) tutti abbiamo incontrato, almeno una volta, in un libro di scuola o appesa in un'aula e che ancora oggi è punto fermo della conoscenza in campo chimico.

Come tutti i grandi innovatori, Mendeleev ebbe precursori e concorrenti. Il chimico inglese John Newlands aveva proposto qualche anno prima una tabella in cui "elementi simili si presentavano a intervalli regolari come le note di una scala musicale";[28] l'analogia musicale non piacque alla Chemical Society, che gliela bocciò come "chimica da avanspettacolo".[29] Anche il chimico tedesco Lothar Mayer era giunto negli stessi anni, a uno schema assai simile a quello di Mendeleev.

Ma il russo si distinse per la capacità di sintesi, il carisma e l'audacia con cui elaborò e sostenne il proprio sistema, nella ferma convinzione che esso rivelasse un'"armonia generale della natura". Non pago di essere riuscito a inserirvi tutti i sessantatré elementi allora noti, si spinse a lasciare alcune caselle vuote, prevedendo future scoperte di elementi di cui aveva già intuito le caratteristiche. Alcuni colleghi,

[28] D. Knight, "La chimica della seconda metà del XIX secolo", in *Storia delle scienze*, Torino, Einaudi, 1994, vol. IV, p. 114.

[29] S. Kean, *The Disappearing Spoon*, New York, Little Brown, 2010; trad. it., *Il cucchiaino scomparso*, Milano, Adelphi, 2011, p. 60.

come è comprensibile, restarono scettici. E quando il francese Lecoq de Boisbaudran annunciò la scoperta di un nuovo elemento, il gallio, che apparentemente si discostava dalle previsioni di Mendeleev, molti ne approfittarono per mettere in dubbio il lavoro del russo. Ma Mendeleev non si arrese e invitò a controllare i risultati sperimentali del francese, che alla fine gli dettero ragione. Fu probabilmente la svolta definitiva per il successo della sua tavola periodica.

Oggi i ricercatori continuano ad andare a caccia di nuovi elementi: uno degli esempi più recenti viene dall'Università di Lund, dove nel 2013 sarebbe stata confermata l'esistenza di un elemento nuovo, ancora senza nome, che occuperebbe la casella numero 115. Altamente radioattivo, esiste per pochi secondi, prima di decadere in atomi più leggeri; la sua esistenza era già stata ipotizzata da un gruppo di ricercatori russi nel 2004, ma si attendevano ulteriori conferme. L'ultima parola in questi casi spetta alla IUPAC, la International Union of Pure and Applied Chemistry, il "governo mondiale della chimica".

Ma la tavola di Mendeleev è divenuta anche un'icona di straordinaria potenza nell'immaginario collettivo mondiale, fonte di ispirazione per artisti, pubblicitari e scrittori. Ci sono tavole periodiche di caratteri tipografici, di questioni sociali, di imprecazioni (!) e perfino di Harry Potter. L'etichetta discografica Table of the Elements (che annovera nel proprio catalogo Christian Fennesz, Captain Beefheart e John Cale) contrassegna le proprie uscite con simboli della tavola periodica, in ordine di peso atomico crescente. Lo scrittore Douglas Coupland ha posto una versione rivisitata della tavola in apertura al suo romanzo *Generazione shampoo* (1992). Il chimico e scrittore Charles Percy Snow descrisse il suo primo incontro con la tavola come la stupefacente trasformazione "di una giungla in un giardino olandese. Per la prima volta vedevo un'accozzaglia di fatti casuali trasformarsi e mettersi in ordine".

"Una poesia," definì il sistema di Mendeleev il chimico e scrittore Primo Levi, che organizzò il suo libro *Il sistema periodico* (1975) abbinando ogni elemento a un racconto; nel 2006 la Royal Institution di Londra lo proclamò il miglior libro di tema scientifico mai scritto.

Il fisico e premio Nobel Richard Feynman liquidò invece la tavola con la sua caratteristica ironia e leggera sufficienza verso una disciplina non di rado entrata in competizione con la fisica: "I chimici hanno un loro modo speciale, e complicato, di contare: invece di dire 'uno, due, tre, quattro, cinque protoni' dicono 'idrogeno, elio, litio, berillio, boro.'"[30]

[30] R. Feynman, *QED*, Milano, Adelphi, 2010, p. 141.

1958, Tennis for Two: un fisico inventa il primo videogioco per attrarre visitatori al suo laboratorio

Le vie dell'innovazione sono imperscrutabili anche agli stessi innovatori

18 ottobre 1958, Upton, New York. Come ogni anno, il Brookhaven National Laboratory apre le proprie porte al pubblico, invitandolo ad apprezzare i progressi della fisica nucleare. Ma quest'anno accade qualcosa di mai visto prima. Rapidamente si formano file di centinaia di visitatori impazienti, soprattutto ragazzi, di fronte a una delle installazioni.

L'installazione in questione è un'idea del fisico ed esperto di elettronica William Alfred Higinbotham. Come numerosi fisici brillanti della sua generazione, Higinbotham ha lavorato a Los Alamos al progetto Manhattan, assistendo anche al primo storico test nucleare di Alamogordo. Dopo il lancio della prima bomba atomica sul Giappone, ha cominciato a impegnarsi per il controllo e l'uso pacifico dell'energia nucleare. Pensa che sarebbe bello trovare il modo di far capire ai visitatori che il lavoro dei fisici può avere, oltre ai risvolti tragici fin troppo noti, rilevanza positiva per la società. Anzi, magari si potrebbe anche offrire qualcosa di divertente per i ragazzi, che durante quelle visite si annoiano facilmente.

Higinbotham consulta le istruzioni di un computer analogico da utilizzare per calcolare le traiettorie dei missili balistici. Tra gli esempi che il manuale offre per generare varie curve sul tubo a raggi catodici di un oscilloscopio, ci sono un proiettile, un missile e... una pallina che rimbalza. A Higinbotham viene subito in mente il tennis: un gioco, perché no? Si mette al lavoro con l'aiuto di alcuni tecnici. Il risultato si materializza quel 18 ottobre davanti agli occhi – e nelle mani – dei visitatori. Su un piccolo schermo simile a quelli usati per i radar, Tennis for Two offre la vista laterale di un campo da tennis. I due giocatori possono lanciare la palla e controllarne l'angolazione attraverso i rispettivi comandi. È un successo clamoroso, tanto da essere riproposto ai visitatori anche l'anno successivo, con uno schermo più grande e controlli più sofisticati. Dopodiché i componenti vengono smantellati e destinati ad altri scopi; dopotutto siamo in un laboratorio, non in una sala giochi!

Prima di Tennis for Two c'erano stati altri "protovideogiochi" come Nim e OXO, ma erano stati concepiti a scopo perlopiù dimostrativo o per addetti ai lavori. Tennis for Two aveva però, secondo studiosi e commentatori, già in embrione tutte le caratteristiche dei futuri videogiochi: simulativo, interattivo, progettato per giocare in due attraverso i rispettivi comandi. Nel 1972 la Atari mise in commercio Pong, il primo grande successo del settore, il cui impianto di base era assai simile a Tennis for Two.

Insomma, un caso esemplare di innovazione non lineare, nata in contesti, da soggetti e per scopi molto diversi da quelli che poi ne avrebbero caratterizzato sviluppo e diffusione. La storia delle innovazioni, d'altra parte, è ricca di casi in cui gli utilizzatori si appropriano in modo "creativo" delle invenzioni altrui: nel secondo dopoguerra, quando i prototipi di frullatore si affacciavano ancora timidamente tra bar e cucine domestiche, gli ospedali vi trovarono una risorsa ideale per preparare il cibo per neonati, e Jonas Salk ne utilizzò uno per realizzare il suo vaccino antipolio.

Lo stesso Higinbotham non intuì pienamente il potenziale innovativo della sua creatura e non la brevettò mai. Tuttavia il suo tennis fece scoprire al pubblico i giochi al computer, e forse, almeno per qualche ora, fece dimenticare a lui e ai visitatori il tragico esito del progetto Manhattan.

1988 (?), l'eliminacode rende le file più ordinate

Tecnologie per disciplinare gli utilizzatori

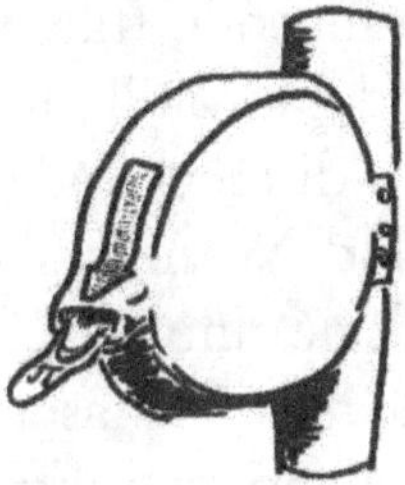

Tutti sappiamo cosa vuol dire fare la fila in un ufficio o al banco salumi di un supermercato, e come possa essere un'esperienza frustrante tanto per chi è in fila quanto per chi lavora. Spesso non si capiscc chi è arrivato prima, a volte qualcuno fa il furbo. Possono crearsi litigi tra clienti e situazioni spiacevoli da gestire per impiegati e addetti del supermercato. E se ci sono più sportelli tra cui scegliere, vale sempre la legge di Murphy: l'altra fila va sempre più veloce della nostra.

Difficile, forse impossibile, stabilire chi abbia introdotto per la prima volta un sistema eliminacode (talvolta detto anche "tagliacode"). Ma il fatto che un grande studioso di tecnologia come lo psicologo Donald Norman sia rimasto colpito vedendone uno all'ufficio postale di Brisbane nel 1988 lascia pensare che tali sistemi siano stati introdotti su scala significativa in quegli anni o poco prima. Alle poste di Brisbane, così come avviene adesso in molti uffici, la fila era unica e ogni cliente era servito in base all'ordine di arrivo. Un sensore davanti allo sportello rilevava se il cliente se n'era andato, facendo accendere sullo schermo il numero dello sportello libero. In questo modo anche in un grande ufficio il cliente capisce dove dirigersi, e si evitano tempi morti.

L'eliminacode – che naturalmente non elimina affatto le code, ma al massimo contribuisce a organizzarle in modo più efficiente – è un esempio di "vincoli che obbligano al comportamento voluto". Il punto fondamentale è semplice: gli utilizzatori di tecnologia e, più in generale, gli esseri umani sono potenzialmente inaffidabili. Tendono a usare gli oggetti in modo erroneo e quindi a provocare guasti o addirittura pericoli per sé e per gli altri; a comportarsi e utilizzare la tecnologia in modi che la società considera poco appropriati o desiderabili. Si può, certamente, tentare di istruirli con manuali di istruzioni, campagne di sensibilizzazione, cartelli perentori; si può, altrimenti, tentare di controllarli o sanzionarli: per esempio un circuito di telecamere, un autovelox o un vigile urbano possono essere utilizzati nel tentativo di ridurre usi di automobili e moto considerati impropri o pericolosi. Ma tutto questo ha un costo, e non sempre funziona.

Ecco che allora si chiede alla stessa tecnologia di controllare gli utenti. Lo si può fare, abitualmente, in due modi.

Primo: progettando la tecnologia in modo che di per sé inviti l'utilizzatore a un uso appropriato. Così, una maniglia dovrebbe, già con la propria forma, invitare a spingere o a tirare senza bisogno di aggiungervi una scritta; una disposizione delle manopole di un piano cottura dovrebbe far capire in modo intuitivo quale manopola accende quale fuoco, senza costringere a troppi tentativi o a leggere scritte ormai sbiadite. Ma noi tutti sappiamo per esperienza che non sempre il design degli oggetti risponde in modo efficace a questa necessità: quante volte abbiamo imprecato di fronte a porte che paiono da spingere e invece vanno tirate; davanti a docce e rubinetti di hotel in cui servirebbe il manuale di istruzioni per capire come regolare potenza e temperatura dell'acqua? Molti oggetti di uso comune, purtroppo, fanno pensare a quell'oggetto paradossale che è la "caffettiera del masochista": una caffettiera in cui manico e beccuccio sono dallo stesso lato, rendendo impossibile servire il caffè senza versarselo addosso.

Il secondo modo è più drastico. È la stessa tecnologia a vincolare l'utilizzatore a un certo comportamento. Si parla così di "funzioni obbliganti": una stanza d'albergo in cui solo l'inserimento di una tessera magnetica permette di aprire la porta e accendere le luci obbliga l'ospite a risparmiare energia – oltre a risolvere l'annoso problema dei clienti che si dimenticano la chiave in tasca e se la portano a casa, prima affrontato con tecnologie più grossolane (chiavi con pomelli ingombranti e pesanti); analogamente, un dosso stradale che ci obbliga a decelerare se non vogliamo danneggiare l'auto, un fastidioso allarme sonoro che non si ferma fino a che non ci allacciamo la cintura, o un codice che impedisce di copiare un contenuto digitale si fanno garanti della nostra adesione a certi comportamenti ritenuti più sicuri o socialmente desiderabili: non più meri oggetti tecnologici, ma ibridi che incorporano una visione morale e sociopolitica. L'eliminacode ci invita, tra l'altro, per via tecnologica, a essere clienti educati e rispettosi delle precedenze.

Un tipo di funzione obbligante è il cosiddetto "dispositivo dell'uomo morto": così, in nome della sicurezza, il motore di una falciatrice si spegne non appena si smette di premere la molla. Un'altra modalità tipica è il *lock-in*. Qui la tecnologia mantiene un processo attivo, evitando che l'utente lo interrompa (il software che ci chiede se siamo davvero sicuri di non voler salvare quel file a cui abbiamo lavorato), o addirittura cerca di tenerlo prigioniero di un certo sistema o standard (una strategia tipica del settore informatico, per cui si offrono servizi gratuiti o si facilita il dialogo tra prodotti e supporti della stessa azienda e si ostacola quello con prodotti e supporti di altre aziende). Infine, la tecnologia può tagliare fuori (*lock-out*) alcuni soggetti (per esempio i bambini) da certi processi potenzialmente pericolosi, e se avete tentato invano di aprire uno sciroppo con tappo di sicurezza o una portiera di auto bloccata automaticamente sapete cosa voglio dire.

Poiché si tratta spesso di funzioni che prevengono situazioni particolari o estreme, l'utilizzatore può esserne infastidito nell'uso quotidiano. Accade così che talvolta ci si ribelli alle funzioni obbliganti, aggirandole in modo creativo. La rigidità di uno standard o di un prodotto informatico viene forzata, oppure si mette un laccio alla falciatrice, in modo che il motore non si spenga.

1964, *Per un pugno di dollari* "inventa" lo spaghetti western

Tutto quello che sapete sull'innovazione è sbagliato

Un compendio di sfide ai luoghi comuni dell'innovazione da insegnare nelle scuole, oltre che un classico del cinema.

Per innovare bisogna essere i primi? No: prima di *Per un pugno di dollari* c'erano già stati almeno venti western italiani. Il genere era peraltro considerato in declino (anche per questo la produzione non era disposta a investire grandi cifre nel progetto di Leone).

Bisogna essere del tutto originali? No: la struttura del film è ispirata alla pellicola del 1961, *La sfida del samurai*, del regista giapponese Akira Kurosawa. Dopo una causa legale, Kurosawa otterrà una quota sugli incassi internazionali e i diritti di distribuzione in alcuni paesi asiatici. Nel corso della causa, su suggerimento dell'assistente alla regia Tonino Valerii, gli avvocati che difendevano la produzione del film di Leone fecero notare la somiglianza di entrambi gli intrecci con quello della commedia goldoniana *Arlecchino servitore di due padroni*. "Fu così che Goldoni divenne l'ispiratore del western all'italiana."[31]

Per innovare ci vogliono tanti soldi?

[31] C. Frayling, *Sergio Leone: Something to Do With Death*, London-New York, Faber and Faber, 2000; trad. it. *Sergio Leone. Danzando con la morte*, Milano, Il Castoro, 2002, p. 148.

No: il film fu realizzato a basso costo, affiancandone la lavorazione a quella di un altro film, considerato molto più promettente, di cui sfruttava le stesse location e troupe. L'attore protagonista, Clint Eastwood, allora semisconosciuto, fu scelto dopo aver scartato una serie di attori dalle pretese troppo elevate, tra cui James Coburn.

Per innovare bisogna conoscere a menadito tradizione e regole del genere? No: Eastwood fu stupito dal fatto che Leone ignorasse il cosiddetto "codice Hays", che nei film western americani proibiva di far vedere spari e vittima nella stessa scena, un'ignoranza che probabilmente contribuì alla novità del suo approccio.

L'innovazione è facile da riconoscere? No: l'attore Charles Bronson, che rifiutò il ruolo di protagonista, lo definì "il peggior copione mai letto". Il manager di Henry Fonda rifiutò addirittura di farlo leggere all'attore. Gian Maria Volonté accettò di interpretare, non senza perplessità, il ruolo del "cattivo" Ramón per pagare i debiti di una sfortunata produzione teatrale. Ma d'altronde, come potevano prevedere che la combinazione tra talenti emergenti (Leone, Eastwood, Volonté, l'autore delle musiche Morricone) e mutamenti nel gusto del pubblico sarebbe deflagrata in un successo così spettacolare? Gli stessi distributori, pur apprezzando il film, erano assai restii a investire. A fine anno, tuttavia, *Per un pugno di dollari* aveva già incassato quasi il doppio dei classici del western come *I magnifici sette*, avviandosi poi a battere ogni record di incasso e di permanenza nelle sale italiane per l'epoca, e riscuotendo un notevole successo anche all'estero.

Lo spaghetti western è anche un raro esempio di innovazione che influenza i suoi stessi modelli d'origine, come dimostrano i numerosi film e registi americani (tra cui Quentin Tarantino) che lo ammirano e ne hanno tratto ispirazione.

1910, il visionario che immaginò il web cent'anni prima

Quando l'innovazione arriva troppo presto

Qualcuno, da qualche parte del mondo, cerca informazioni su un certo argomento. Invia la propria richiesta, questa viene elaborata e in risposta arrivano informazioni, documenti, immagini. È una scena che oggi non ci stupisce più e che ogni istante coinvolge milioni di personc in tutto il mondo. Più stupefacente è che una scena molto simile nella sostanza, seppure su scala minore e con tecnologie ovviamente diverse, avvenisse già agli inizi del secolo scorso, molti decenni prima che facessero la loro comparsa i primi personal computer e perfino il primo microchip. A renderla possibile era l'opera e la visione del bibliografo e imprenditore belga Paul Otlet, fondatore del Mundaneum, una sorta di "palazzo universale della conoscenza", che dopo varie vicissitudini ha oggi una nuova sede nella città belga di Mons e ha riaperto al pubblico la parte espositiva.

Quello di Otlet è un nome oggi sconosciuto ai più, ma che all'epoca era frequente vedere vicino a quello di capi di Stato e premi Nobel, e che studiosi e addetti ai lavori considerano un pioniere dell'età dell'informazione e perfino un antesignano della rete contemporanea. "L'idea del world wide web germinò nella mente di Paul Otlet," ha scritto l'informatico Robert Cailliau, che ha sviluppato il world wide web così come noi lo conosciamo insieme al collega Tim Berners-Lee agli inizi degli anni novanta.

Otlet nacque a Bruxelles nel 1868. La famiglia lo indirizzò suo malgrado verso lo studio del diritto e una carriera da avvocato. L'aspetto che lo interessava di più dell'ambito giuridico erano le bibliografie. In un saggio del 1892 osservò che i libri erano un sistema poco efficace per organizzare le informazioni, in quanto affidato all'arbitrio del singolo autore. Meglio sarebbe stato suddividerle in "pacchetti" o singole schede che potessero essere facilmente richiamate o permettere riferimenti incrociati. Con un altro laureato in legge, Henri La Fontaine, sviluppò un formato di scheda bibliografica che divenne lo standard internazionale e il sistema ancora oggi utilizzato di classificazione universale decimale, applicabile a ogni tipo di documento e supporto (libri, video, oggetti) e alle loro relazioni, che si rivelerà particolarmente adatto al trattamento meccanizzato e informatizzato dei dati. Negli anni successivi nacque il progetto di una "bibliografia universale". I due iniziarono a raccogliere, classificare e sintetizzare i dati contenuti in documenti di ogni tipo: non solo libri, ma foto, immagini, rapporti, articoli di giornale, manufatti. Fu avviato un servizio per fornire documentazione a pagamento. Si poteva scrivere o inviare un telegramma e si riceveva il materiale pertinente, e perfino un avviso quando a una richiesta potevano corrispondere "più di cinquanta risultati". Nel 1912 lo staff di Otlet gestiva già millecinquecento richieste all'anno; nel 1927 poteva contare su un archivio di oltre quindici milioni di documenti. Secondo il suo biografo Alex Wright, il sistema rappresentava una sorta di "world wide web analogico". L'archivio trovò una sede fisica stabile nel Mundaneum, un centro di documentazione che aprì le porte ufficialmente nel 1920, nel

Palais du Cinquantenaire di Bruxelles. L'idea di un "palazzo universale della conoscenza" era strettamente legata alle idee politiche e all'impegno internazionalista di Otlet e La Fontaine (quest'ultimo ricevette il premio Nobel per la pace nel 1913). Il Mundaneum avrebbe dovuto essere al centro di un progetto più ampio di "città mondiale" con cui Bruxelles avrebbe ospitato il quartier generale della Società delle nazioni. Un'altra sede del Mundaneum, disegnata da Le Corbusier, era prevista a Ginevra. I progetti fallirono, ma Otlet continuò a sviluppare le proprie idee e il sogno di una rete globale ("*réseau mondial*") in cui "tutto sarà registrato a distanza nel momento in cui viene prodotto. Da lontano, chiunque potrà leggere un testo in forma espansa o limitata. Così, chiunque dalla propria poltrona potrà contemplare qualunque creazione o le sue parti". Nei suoi schizzi e note prefigurò addirittura sistemi di riconoscimento vocale; reti senza fili per consentire agli utenti di caricare documenti; perfino una sorta di "social network" che permettesse, accedendo a un certo contenuto mediale, "di parteciparvi, applaudire, cantare in coro". Le collezioni del Mundaneum rimasero a Bruxelles fino al 1940, quando il Belgio fu invaso. L'esercito nazista distrusse sessantatré tonnellate di documenti per far posto a un'esposizione sull'arte del Terzo Reich. E se il contesto storico-politico non era certamente favorevole all'intuizione di Otlet, anche tecnologia e pubblico non erano pronti a sostenerla e ad abbracciarla, come sarebbe poi avvenuto per i media digitali a partire dalla fine del secolo.

In questi anni, una parte dell'archivio e della collezione originale di Otlet è stata recuperata e oggi trova spazio nella nuova sede del Mundaneum, a Mons. Visitarla è un'occasione per vedere da vicino quello che rimane dell'utopia di Paul Otlet. E magari per chiedersi come sarebbe cambiato il mondo, se la rete si fosse sviluppata come – magari un po' ingenuamente – se la immaginava lui: non solo sviluppo tecnologico e commerciale, ma parte di un più ampio progresso culturale e sociale, oltre che garanzia di una più pacifica convivenza tra le nazioni.

1952, le cellule di una paziente cambiano la storia della medicina

"Testimoni modeste" e protagonisti involontari dell'innovazione

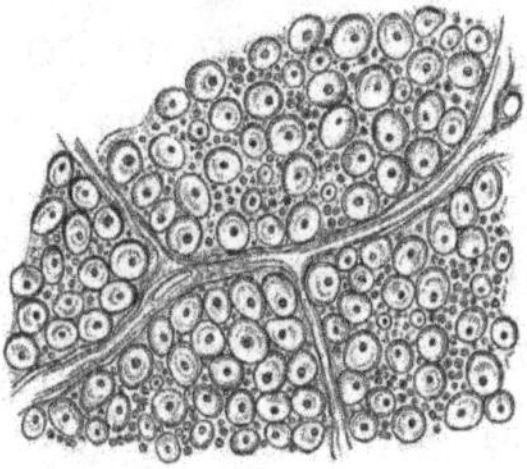

"Testimoni modeste" le definì una volta la studiosa Donna Haraway. Si riferiva per esempio alle signore che durante un esperimento sulla pompa ad aria, condotto da Robert Boyle presso la Royal Society soffocando degli uccellini in un contenitore, interruppero la dimostrazione per salvare gli animali. Onde evitare che questo disturbo si ripetesse, Boyle riconvocò i colleghi maschi a tarda notte per terminare l'esperimento e verificarne i risultati. Le donne erano così diventate "testimoni modeste" della rivoluzione scientifica, private di qualsiasi "capacità di agire sul piano epistemologico".[32]

Henrietta Lacks fu molto di più che una testimone modesta. Fu – e è tuttora, a sessant'anni dalla morte – la protagonista involontaria e inconsapevole di una serie di importanti ricerche in campo biomedico da cui hanno tratto beneficio milioni di pazienti in tutto il mondo. Il suo contributo e perfino il suo nome furono per decenni completamente obliterati, nonostante numerosi ricercatori in tutto il mondo utilizzassero le linee cellulari HeLa, originariamente provenienti dai suoi tessuti tumorali.

[32] D. Haraway, *Modest_Witness@FemaleMan©_Meets_OncoMouse*™, London, Rootledge, 1997, trad. it., *Testimone_modesta@FemaleMan©_incontra_Oncotopo*™, Milano, Feltrinelli, 2000, p. 61.

Afroamericana di umili origini, Henrietta Lacks si vide diagnosticato un carcinoma uterino a trent'anni. Durante la degenza, l'ospedale prelevò un campione dei suoi tessuti. Dopo alcuni giorni, i tecnici di laboratorio notarono qualcosa di strano. Le cellule cancerose della Lacks, anziché "morire" o "vivacchiare" in coltura, continuavano a crescere, "diffondendosi come la gramigna".[33] Le cellule HeLa iniziarono a circolare tra i ricercatori: sopravvivevano facilmente agli spostamenti e alle spedizioni (perfino con la posta tradizionale!) e consentivano esperimenti che altrimenti avrebbero richiesto materiale biologico umano vivente.

La svolta avvenne nel 1952, poco dopo la scomparsa di Henrietta. Salk aveva annunciato il primo vaccino contro la poliomelite, ma sperimentarlo sulle cel-

[33] R. Skloot, *The Immortal Life of Henrietta Lacks*, London, Pan, 2011; trad. it., *La vita immortale di Henrietta Lacks*, Milano, Adelphi, p. 57.

lule di scimmia, come era prassi all'epoca, avrebbe comportato tempi lunghi e costi molto elevati. Le colture di HeLa si rivelarono molto reattive al virus e quindi perfette per lo scopo. Economiche, adattabili e "infaticabili", le cellule di Henrietta furono in seguito utilizzate per studiare patologie infettive quali morbillo e parotite; per testare la sicurezza di prodotti cosmetici e farmaceutici; per analizzare gli effetti di steroidi e inquinanti ambientali. HeLa ebbe addirittura un ruolo rilevante nelle fasi iniziali degli studi in campo genetico. Per soddisfare la domanda crescente da parte dei ricercatori, in un capannone del Maryland che aveva ospitato un'azienda di patatine fritte, due imprenditori crearono una vera e propria "fabbrica di cellule" in grado di spedire i campioni in tutto il mondo in tempi rapidi e a costi ragionevoli. Da allora, miliardi di cellule HeLa sono state utilizzate nei laboratori, fornendo il materiale per più di sessantamila pubblicazioni scientifiche.

Un fortunato libro di Rebecca Skloot ha raccontato con grande precisione documentaria, capacità narrativa e partecipazione umana la straordinaria storia delle cellule di Henrietta Lacks, vissute "fuori dal suo corpo più a lungo di quanto abbiano vissuto dentro di lei". Dando voce alla protagonista e ai suoi familiari, che oggi si chiedono: "Se le cellule di nostra madre hanno fatto tanto per la medicina, com'è che la sua famiglia non può permettersi le visite mediche?";[34] e portando nel contempo alla luce il lavoro, talvolta quasi altrettanto oscuro, di centinaia di ricercatori, medici e tecnici che contribuirono a rendere possibili l'utilizzo e la circolazione delle linee cellulari.

È una storia che, letta oggi, incrocia dilemmi cruciali tra scienza e salute, etica

[34] *Ibid.*, p. 23.

ed economia. Dilemmi esplosi nel dibattito pubblico e giuridico in seguito a vicende più recenti, come quella di John Moore, il paziente che nel 1988 citò in giudizio, senza successo, la University of California per aver utilizzato, insieme a una casa farmaceutica, la sua milza per un brevetto di linea cellulare. Qual è il confine tra i diritti individuali dei pazienti, l'interesse collettivo al progresso della conoscenza e gli interessi economici delle aziende del settore?

Oggi la storia di Henrietta Lacks suscita scalpore anche perché i pazienti e le loro associazioni sono divenuti, almeno in alcuni contesti, soggetti attivi come finanziatori e perfino come committenti di ricerche; ben più consapevoli, almeno in teoria, di quanto poteva esserlo nel dopoguerra una donna poco istruita. Eppure, osserva l'autrice, oggi "gran parte degli americani", spesso senza rendersene conto, "ha un proprio campione di tessuto conservato da qualche parte [...] nei centri di ricerca militari, all'FBI e ai National Institutes of Health, nelle aziende biotech e in molti ospedali".[35]

Nonostante tutto questo, non si può fare a meno di chiedersi come sarebbe cambiata la storia – e il destino di molti pazienti – se Henrietta Lacks avesse negato il consenso al prelievo delle proprie cellule.

[35] *Ibid.*, p. 357.

1933, la mappa della metropolitana di Londra

Nuovi schemi per viaggiatori sotterranei

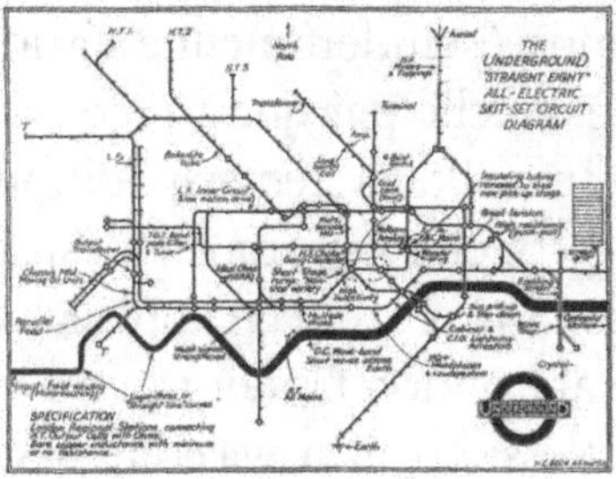

Se anche voi, come tanti residenti, turisti e visitatori, vi siete sentiti almeno per un giorno padroni di Londra mettendovi in tasca una minuscola mappa colorata della sua metropolitana, dovete ringraziare il suo impiegato Harry Beck.

Fino agli anni venti, le mappe della metropolitana londinese erano rappresentazioni tradizionali della rete e delle sue stazioni con la piantina della città sullo sfondo che indicavano fedelmente il percorso delle linee rispetto alle strade. Tuttavia non erano facili da usare per i viaggiatori. Per esempio, questioni di scala portavano a escludere alcune stazioni periferiche. Anche per questo motivo l'uso della metropolitana stentava a diffondersi.

Harry Beck non era un designer di professione, ma un disegnatore tecnico impiegato al London Underground Signals Office. Nessuno gli aveva commissionato nulla. Ebbe l'idea di lavorare sulla mappa durante un periodo in cui era a casa per carenza di lavoro, e ne fece un primo schizzo su due facciate di un quaderno di quelli che si usano a scuola.

Beck decise di cambiare radicalmente impostazione alla mappa, concentrandosi sulle informazioni più rilevanti per i passeggeri, a cominciare dalla sequenza delle stazioni e dalle connessioni tra le diverse linee. Stabilì di rappresentare le linee stesse solo con rette orizzontali, verticali o a quarantacinque gradi. Lavorò sulla zona centrale, la più complessa e densa di stazioni, per renderla più chiara possibile. Affinò il sistema di abbinamento di ciascuna linea a un colore e di simboli alle stazioni.

Per ottenere lo scopo desiderato dovette fare alcune forzature: per esempio "zoomare" e distorcere la parte centrale, la più utilizzata dai viaggiatori; contrarre le sezioni più esterne per mantenere tutto il sistema visibile in un solo colpo d'occhio. Il risultato non era più una mappa, ma un diagramma chiaro e compatto, più simile a un circuito elettrico che a una cartina, che si prestava a essere stampato anche in piccolo formato.

Beck lo propose al dipartimento pubblicità nel 1931; ne ricavò sguardi sbigottiti e un secco rifiuto. Tornò alla carica. L'azienda decise di stamparne per prova cinquecento copie. Andarono immediatamente esaurite, così come le stampe successive e quelle dopo ancora. Il disegno di Beck divenne *la* metropolitana di Londra, incentivando l'uso del mezzo sotterraneo e contribuendo perfino a cambiare la percezione dello spazio urbano londinese (per cui prendetevela con Beck, se vi trovate a fare chilometri a piedi sottoterra, avendo sottostimato quell'interscambio che sembrava così comodo).

Nei decenni successivi Beck continuò ad affinare la sua mappa, anche se al termine della carriera ebbe rapporti non facili con la dirigenza. Con nuove linee, stazioni e alcuni cambi di colore, l'attuale *Tube map* segue ancora la sua impostazione e reca, in basso a destra, la scritta "*Evolution of the original design conceived by Harry Beck*". Ma il suo diagramma è divenuto anche uno dei simboli di Londra e uno degli esempi di design di maggiore impatto sulla cultura popolare. Riprodotta su poster, magliette e cartoline, ha influenzato opere d'arte contemporanea come quella di Simon Patterson (*The Great Bear*), che sostituisce alle stazioni nomi di scrittori, scienziati e personaggi celebri. Ne esistono versioni di ogni tipo (con le stazioni in tedesco, con i nomi di animali...), tutte ufficialmente vietate dall'ente dei trasporti londinese, forse preoccupato dalla possibilità che un passeggero cerchi disperatamente la fermata "Gina Lollobrigida".

1971-1974, il “football totale” cambia la storia del calcio

Innovatori e perdenti?

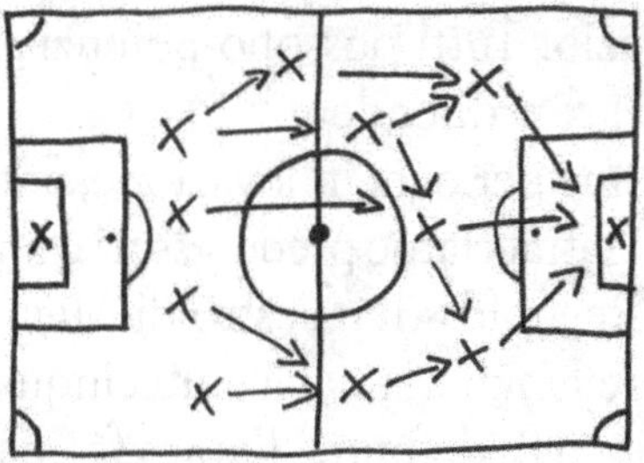

“Perché tutti fanno così? E perché noi non potremmo fare diversamente?” Questa la domanda che più o meno implicitamente si pone ogni innovatore. Una domanda che tormentava, tra gli altri, Rinus Michels, giocatore e poi allenatore dell’Ajax e della nazionale di calcio olandese tra la fine degli anni sessanta e i primi anni settanta. Anziché assegnare a ogni giocatore un ruolo fisso come è prassi, si può organizzare la squadra in modo da coprire al meglio ogni spazio a seconda delle situazioni. Non appena uno dei giocatori si sposta, un altro va a coprirne lo spazio. Tutti possono potenzialmente attaccare o difendere.

Come per ogni innovazione, non è difficile rintracciarne predecessori o antenati: Jack Reynolds (il maestro di Michels), la grande Ungheria degli anni cinquanta (il cui gioco fu definito "l'unica forma di comunismo realizzato" dal regista Jean-Luc Godard), perfino l'Austria degli anni trenta. Più o meno tutti, però, concordano che la massima espressione del calcio totale siano state l'Ajax e l'Olanda dei primi anni settanta. Belli e perdenti, dice un luogo comune, ma di luogo comune appunto si tratta: tre coppe dei campioni di fila, cinque titoli nel solo 1972, un record di quarantasei vittorie consecutive in casa, oltre al secondo posto della nazionale ai mondiali 1974. Qui il gioco innovativo degli olandesi, la loro sistematica applicazione di pressing e fuorigioco travolge letteralmente gli avversari: 2-0 all'Uruguay, 2-0 al Brasile, 4-0 all'Argentina. Impressionanti i filmati d'epoca: il centrocampo avversario abbozza un contrattacco, e subito gli si rovescia contro una marea arancione di sei (!) giocatori. Nella finale, dal calcio di inizio di Cruijff passano ottanta secondi e tredici passaggi consecutivi senza che la Germania riesca a toccare il pallone, finché l'attaccante olandese è steso in area di rigore.

Quanto tempo impiega un'innovazione a diffondersi, e perché alcune si diffondono più rapidamente e altre meno? Ecco una bella domanda da porre alla vicenda del calcio totale. Il sociologo Gabriel Tarde, uno dei primi a riflettere su questi temi già a fine Ottocento, riteneva che al centro di tutto vi fosse l'*imitazione*. L'imitazione, secondo Tarde, è per la società ciò che la vibrazione è per il mondo fisico e l'ereditarietà per quello biologico. Si può imitare per consuetudine, per moda, per simpatia, per obbedienza, per istruzione, in modo ingenuo o ponderato.

"Ogni cosa sociale," scrive Tarde, "cioè ogni invenzione o ogni scoperta, tende a estendersi nel suo ambiente sociale",[36] dovendo altresì fare i conti con "interferenze" e "tendenze rivali".

Il calcio totale, in effetti, si diffonde, e anche molto rapidamente (imitato da altre squadre e allenatori per una combinazione di consuetudine, moda, simpatia, ingenuità e ponderazione, si direbbe seguendo le forme delineate da Tarde). A favorirne la diffusione e la popolarità contribuisce anche la sintonia tra i fermenti politico-sociali di quegli anni e il nuovo modo corale e spregiudicato di

[36] G. Tarde, *Les lois de l'imitation*, Paris, Alcan, 1890; trad. it. in *Scritti sociologici*, Torino, Utet, 1976, p. 59.

interpretare il calcio: fanno scalpore, oltre alle zazzere e alle basette degli olandesi, abitudini come quella di aprire a mogli e fidanzate il ritiro della squadra.

Praticheranno forme di gioco ispirate al calcio totale, tra gli altri, il Napoli allenato da Vinício, la Lazio campione d'Italia di Maestrelli, il Lanerossi Vicenza di Giovan Battista Fabbri e Paolo Rossi. L'eredità di Ajax e Olanda arriverà poi, in forme diverse, fino a Kiev (la Dinamo di Lobanovs'kyj), Barcellona (dove alleneranno gli stessi Michels e Cruijff) e al Milan di Arrigo Sacchi, consacrato da *France Football* come la squadra migliore del dopoguerra.

Che si tratti di innovazione lo conferma la mai spenta discussione tra profeti e detrattori. Questi ultimi liquidano il calcio totale come moda effimera, citando a sostegno del proprio scetticismo la finale mondiale persa dall'Olanda contro l'ostica Germania Ovest di Beckenbauer nel 1974 o l'impietoso 6-2 inflitto dal contropiede juventino al Napoli nel 1974.

Imitare, e quindi diffondere l'innovazione, sembra facile, soprattutto quando si tratta di adottare un nuovo modulo di gioco, che come tale non richiede particolari o sofisticate tecnologie. Ma ogni innovazione – e la sua imitazione – va collocata con saggezza in un contesto, e per far correre le nuove idee servono talento, applicazione e, nel caso specifico, gambe. Dispendioso sul piano atletico, il gioco totale richiede grande disciplina sul piano tattico e qualità tecniche non comuni: difficile sottovalutare il fatto che quell'Olanda potesse schierare almeno quattro o cinque giocatori di levatura internazionale e un campione assoluto come Cruijff.

Insomma, se avete intenzione di portare il calcio totale nella vostra squadra di quartiere, sappiatevi regolare.

1810, il cibo diventa portatile e globale

Scatolette sigillate, innovazione "aperta"

Parigi, 1795. Gli approvvigionamenti alimentari sono uno dei principali problemi che affliggono l'esercito francese, così come gli eserciti rivali. Il cibo deperisce facilmente, farlo arrivare fresco ai soldati è difficile e costoso, e le tecniche tradizionali di salatura, essiccazione e affumicatura non ne salvaguardano il sapore e le proprietà nutritive. Il governo francese bandisce un concorso tramite un'agenzia che oggi pare a dir poco pionieristica, la Société d'Encouragement pour l'Industrie Nationale. Fondata originariamente nel 1776 (!) e in seguito riorganizzata, godeva di notevole autonomia e tra le sue prerogative vi era anche l'offerta di premi in denaro e altri riconoscimenti per la soluzione di determinati problemi. Le soluzioni proposte erano poi vagliate da specifiche commissioni, e i risultati di questa attività di *scouting* dell'innovazione erano, tra l'altro, pubblicati sul *Bulletin* mensile della Société.

Il premio offerto per trovare un modo efficace di conservazione del cibo è di dodicimila franchi. Ci si aspetta che la soluzione venga da uno scienziato o da un inventore. Si fa vivo, invece, il figlio di un locandiere, cuoco e proprietario di un negozio di dolci. Nicolas Appert (1749-1841), già esperto nel conservare frutta, ha iniziato a sperimentare la conservazione del cibo facendolo cuocere a bagnomaria in bottiglie da champagne sigillate. Metodi simili erano già stati sperimentati sin dalla fine del secolo precedente: il fisico Denis Papin, collaboratore di Robert Boyle e noto per la sua invenzione del "digestore" (antenato della pentola a pressione), era solito distribuire frutta conservata alle riunioni della Royal Society e aveva stupito il grande scienziato Christiaan Huygens offrendogli una mela conservata sottovuoto per cinque mesi. Tuttavia, non sempre i suoi esperimenti di conservazione erano pienamente riusciti.

Appert invia diversi campioni del suo cibo "imbottigliato" sulle navi della marina francese, facendosi certificare l'accurata conservazione, e nel 1809 si presenta alla commissione deputata a verificare l'esito del concorso. Di fronte agli esperti prepara alcune bottiglie di cibo e un mese dopo gli stessi tornano a verificarle, assaggiandone con soddisfazione il contenuto. Funziona, anche se nessuno, nemmeno Appert, sa spiegare esattamente il perché. Ottiene il premio, a condizione che ne metta pubblicamente a disposizione i dettagli, rinunciando così a brevettarlo. Nel 1810 esce il suo libro, *L'art de conserver pendant plusieurs années toutes les substances animales et végétales.* Passano tre mesi e Appert probabilmente si pente già di aver incassato il premio rinunciando al brevetto: un uomo d'affari inglese, Peter Durand, registra un brevetto per un procedimento molto simile al suo, poi ceduto a un giovane ingegnere, Bryan Donkin. La principale differenza è che gli inglesi utilizzano, anziché fragili bottiglie, barattoli di ferro stagnato, più solidi e adatti al trasporto. Nel giugno 1813, Donkin è in grado di esibire a sostegno del proprio prodotto un lusinghiero documento proveniente dalla famiglia reale: "Mi è stato ordinato dal Duca di Kent di comunicarVi che a Sua Altezza Reale è stata presentata della carne di manzo del Vostro brevetto alla tavola del Duca di York, dove è stata assaggiata anche dalla Regina..."[37]

Anche Appert presto inizia a produrre cibo in scatola. Già nel 1815 alcuni soldati impegnati nella battaglia di Waterloo utilizzano cibo in scatola. Potenze coloniali come l'Inghilterra trovano nel cibo in scatola un formidabile alleato: possono rifornire in modo sicuro ed efficiente i propri equipaggi navali e "ospedali in Bengala", portando "prosciutto conservato in India e in Cina"; e viceversa, quando per esempio un'epidemia colpisce i bovini inglesi, possono portare carne in scatola da Sud America e Australia. Per le famiglie europee, il cibo in scatola rappresenta inizialmente una leccornia alla portata dei più abbienti: all'Esposizione universale di Londra del 1851 destano ancora stupore

[37] Cit. in P.W. Bishop, "Who Introduced the Tin Can?", in *Food Technology*, aprile 1978, pp. 60-67; trad. it. in *La gola*, luglio-agosto 1984, p. 5.

quelle lattine piene di carne, verdura fuori stagione, panna e ostriche. In breve tempo il cibo in scatola diviene un'industria fiorente: nel 1870 in America del Nord si producono trenta milioni di lattine.[38] Primo vero esempio di globalizzazione e serializzazione del cibo, simbolicamente immortalata oltre un secolo dopo da Andy Warhol con le sue celebri *Campbell's Soup Cans* (che l'artista pare considerasse la sua opera preferita, affermando: "Avrei dovuto continuare per tutta la carriera a fare quelle"), con alcuni miglioramenti soprattutto nei materiali utilizzati per l'inscatolamento, l'intuizione di Appert su cui si fonda il cibo in scatola si è "conservata" (e come poteva essere altrimenti?) fino ai giorni nostri. La sua diffusione, spostando la produzione alimentare dalla cucina di famiglia alle industrie, intercetta

[38] T. Standage, *An Edible History of Humanity*, New York, Walker, 2009; trad. it., *Una storia commestibile dell'umanità*, Torino, Codice, 2011, pp. 148-149.

e alimenta cambiamenti sociali di lungo periodo quali lo sviluppo dell'occupazione femminile.

L'introduzione dei metodi di conservazione alimentare da parte di Appert e dei suoi concorrenti inglesi rappresenta anche un non raro esempio di come l'innovazione pratica preceda la sua piena comprensione. Sarà solo molti decenni dopo il premio ricevuto da Appert, infatti, che Louis Pasteur chiarirà dal punto di vista scientifico che trattamenti termici come quello poi divenuto noto come pastorizzazione riescono a evitare il deterioramento di cibi e bevande dovuto all'azione di microorganismi. Scrive un suo biografo:

> "Cosicché potrebbe sembrare che Pasteur stesse dimostrando una cosa ovvia. Ma vi è sempre un ritardo dovuto alla diffidenza di molti scienziati verso le tecniche usate empiricamente in pratica. [...] Tutti gli esempi

menzionati testimoniano quanto fosse già stato scoperto con metodi empirici e, sia pur attraverso errori, molto prima che sorgesse la scienza sperimentale. Il contributo di Pasteur alla risoluzione del problema consiste nell'affermare che il deterioramento dei cibi è causato il più delle volte da microrganismi di vario genere, ed egli fornì così una nuova interpretazione che diede maggior peso alle vecchie tecniche empiriche."[39]

È infine un esempio classico di *rete di innovazione eterogenea*: a sostenerla contribuirono cuochi intraprendenti, uomini d'affari, esigenze militari, agenzie governative, potenze coloniali. Manca qualcosa? Ah, sì, un'altra piccola grande innovazione che evitò ai soldati di aprire le scatolette con la baionetta e ai civili di

[39] R. Dubos, *Pasteur and the Modern Science*, New York, Doubleday, 1960; trad. it., *Pasteur e la scienza moderna*, Torino, Einaudi, 1962, p. 56.

ferirsi in cucina con martelli e scalpelli, contribuendo senz'altro al successo del cibo in scatola: l'apriscatole. Che arrivò nelle prime forme rudimentali, però, solo a partire dal 1855: ennesima dimostrazione di come i percorsi dell'innovazione siano tutt'altro che immediati e lineari.

1966, la lenta corsa verso auto più sicure

La tecnologia c'era, la società ancora no

Se oggi la vostra auto vi costringe con un fastidioso *bip* a indossare una cintura di sicurezza, il merito (o la responsabilità) è di un assicuratore, di un avvocato e di due scienziati: uno molto incosciente e una molto sfortunata.

La scienziata sfortunata era l'angloirlandese Mary Ward. Autodidatta in un'epoca in cui le donne non erano ammesse nelle università, né nelle accademie, divenne un'abile microscopista e una straordinaria disegnatrice di immagini scientifiche. Il 31 agosto 1869 la Ward viaggiava su un'auto a vapore costruita dai suoi parenti, quando fu catapultata fuori dalla vettura rompendosi il collo e morendo sul colpo. Era la prima vittima di un incidente automobilistico della storia. La sua morte destò scalpore ma non fu sufficiente a far riflettere sulla pericolosità delle prime auto. Così, già ai primi del secolo successivo, a fronte di sole trecentomila auto ufficialmente registrate, gli Stati Uniti piangevano quasi quattromila morti per incidenti all'anno, venti volte il tasso di mortalità attuale. Nel 1935 il *Reader's Digest* scrisse che trovarsi in uno scontro automobilistico era "come andare sulle cascate del Niagara in una botte d'acciaio piena di chiodi". La fonte principale di pericolo per il conducente e i passeggeri, infatti, non era tanto lo scontro iniziale, quanto la collisione secondaria con parabrezza, cruscotto e volante. Ma, a differenza degli aerei militari, nessuno aveva mai pensato di fare un crash test su un'auto. Qui però entra in scena il secondo scienziato, quello incosciente. Nello stesso anno (1954) in cui le strade americane registrarono quasi trentaquattromila vittime in auto che viaggiavano a velocità perlopiù inferiori ai cinquanta chilometri orari, John Stapp, ricercatore della US Air Force, uscì vivo, seppure con diverse fratture e un distacco di retina, da un crash test in cui fu sperimentato l'arresto quasi istantaneo di una slitta a razzo lanciata a 1017 chilometri orari.

A numerosi esperti non sfuggì la connessione e la contraddizione con gli incidenti autostradali: se era possibile sopravvivere a una simile decelerazione con appropriati accorgimenti, a maggior ragione sarebbe stato possibile proteggere gli automobilisti. La connessione certamente non sfuggì a Frank Crandell, impiegato del gruppo assicurativo Liberty Mutual Insurance Company. Crandell guardava con preoccupazione alla situazione finanziaria dell'azienda: vari tentativi di sensibilizzare gli automobilisti a una guida più sicura non avevano dato i risultati sperati. L'unica cosa da fare era ridurre i danni causati dagli scontri. Con un gruppo di ricercatori fece diverse prove con una serie di manichini, da cui risultò che la principale fonte di danni per i passeggeri in caso di urto era rappresentata dal design interno delle auto (soprattutto il volante, la radio, l'impianto di riscaldamento) e su quella base approntò diversi modelli di una "*survival car*". Oltre alle cinture di sicurezza, l'auto offriva anche un sistema antincendio e perfino un avveniristico apparecchio in grado di spegnere il motore se il guidatore si assopiva. Crandell e la sua auto percorsero duecentoquarantamila chilometri (senza incidenti, si suppone), battendo le varie fiere ed esposizioni, ma il settore automobilistico restava indifferente. John Gordon, presidente della General Motors, definì l'auto di Crandell "completamente irrealistica"; un tecnico della Ford osservò che "quest'azienda è governata da venditori, non da ingegneri; la priorità nelle auto è l'estetica, non la sicurezza".[40]

È a questo punto che entra in scena, come nel più classico dei telefilm americani, l'avvocato. Fresco di laurea a Harvard e testimone di alcuni paurosi incidenti stradali in gioventù, nel 1959 Ralph Nader rileva la contraddizione tra l'esistenza di una tecnologia per la sicurezza ormai collaudata e la riluttanza a usarla. Pubblica un articolo sulla rivista *The Nation* intitolato *The Safe Car You Can't Buy*, "La macchina sicura che non potete comprare". La sua inchiesta culmina, nel 1965, in un libro che

[40] Cit. in P. Collins, "Over Niagara Falls in a Barrel of Spikes", in *New Scientist*, 21 febbraio 2009, p. 44.

fa scalpore, *Unsafe at Any Speed* ("Insicura a qualunque velocità"), in cui documenta la pericolosità di auto come la Chevrolet Corvair, prodotta dalla General Motors. L'azienda gli spia i telefoni, gli mette alle calcagna investigatori privati e prostitute per cercare di screditarlo. Nader vince una causa per violazione della privacy e continua la sua battaglia. Nel 1966 una legge istituisce la National Highway Traffic Safety Administration, introducendo vari accorgimenti per migliorare la sicurezza delle auto e principi di responsabilità per le case produttrici; nel frattempo, le vittime di incidenti sono salite a cinquantamila all'anno. L'Australia e, in Europa, la Francia sono stati tra i primi paesi a rendere obbligatorio l'uso delle cinture di sicurezza, nei primi anni settanta (in Italia l'obbligo è giunto a fine anni ottanta); ma negli Stati Uniti il New Hampshire permette ancora oggi agli adulti di viaggiare senza cinture.

Il filosofo della tecnica Jacques Ellul amava sottolineare l'interdipendenza tra tecnologie con un esempio drammatico riguardante proprio la sicurezza stradale. La tecnologia dei trapianti di organi, per funzionare in modo efficiente, non può fare a meno degli incidenti stradali da cui provengono gran parte degli organi idonei al trapianto. Dunque, tecnologie che rendessero strade e auto del tutto sicure, paradossalmente, entrerebbero in conflitto con un'altra tecnologia, quella che permette ai pazienti di ricevere un trapianto.

La sicurezza stradale rappresenta un esempio classico di quello che gli studiosi dell'innovazione chiamano "*cultural lag*", ritardo culturale. Secondo William Ogburn, pioniere della sociologia della tecnologia, "si ha ritardo culturale quando una di due ipotetiche parti di una cultura, tra loro correlate, cambia prima, o in misura maggiore, rispetto all'altra, determinando così un disadattamento reciproco rispetto all'equilibrio precedente".[41] Ci volle quasi un secolo perché la società si attrezzasse, sul piano sociale, culturale e normativo, per affrontare le implicazioni legate all'introduzione e la diffusione dell'auto. Gran parte delle tecnologie per migliorare la sicurezza di conducenti e passeggeri (a cominciare dalle cinture di sicurezza: i primi esemplari brevettati risalgono agli inizi del Novecento) erano già ampiamente disponibili da tempo, ma mancava la sensibilità necessaria per introdurle e attribuire le relative responsabilità ai diversi soggetti: produttori di auto, istituzioni pubbliche, automobilisti.

Oggi il settore automobilistico ripropone una situazione in cui lo sviluppo della tecnologia mette in discussione abitudini consolidate. Le nuove silenziose auto

[41] W. Ogburn, *Tecnologia e mutamento sociale*, Roma, Armando, 2006, p. 51.

ibride o elettriche sono potenzialmente pericolose per pedoni (soprattutto non vedenti) abituati a percepire il caratteristico rumore di un motore tradizionale che si avvicina. Ma anche in questo caso la "reazione" di società e politica è tutt'altro che immediata. Dopo anni di discussioni, il parlamento europeo ha approvato una normativa che prevede l'obbligo per le case automobilistiche di dotare le proprie auto ibride o elettriche di idonei dispositivi sonori entro il 2019, demandando alla Commissione europea, entro il 2017, di definire i necessari parametri (un rumore standard o "personalizzato" per ciascun modello?).

Per quanto talvolta inteso in modo un po' semplicistico, il tema del ritardo culturale può essere facilmente applicato a numerosi esempi e contesti dell'innovazione, anche contemporanea. Come attestano continui casi di cronaca e vicende giudiziarie, la rapida diffusione dei media digitali ha coinvolto e al tempo stesso spiazzato una società che non aveva gli strumenti (culturali e normativi) per gestire, per esempio, una drastica ridefinizione dei confini tra pubblico e privato; per stabilire a chi spetti la responsabilità di certi contenuti (agli utenti che li hanno messi in rete, alle piattaforme che li ospitano, a chi li guarda o scarica?); o, più semplicemente, per tassare (con strumenti pensati per soggetti chiaramente localizzati e operanti con beni fisici) aziende che fanno circolare su base globale servizi immateriali, spesso non monetizzabili con precisione.

Chissà se anche per fare i conti con queste innovazioni ci vorrà un secolo come per le cinture di sicurezza. O se dovremo aspettare che compaiano figure chiave come gli scienziati, l'assicuratore e l'avvocato protagonisti di questa storia.

1929, il conto alla rovescia

Uno dei simboli della tecnologia aerospaziale è introdotto da... un regista

Nel 2010 l'astronomo Kevin Grazier ricevette un invito a un incontro nel lounge dello Chateau Marmont di Hollywood. Qui lo aspettava il regista Alfonso Cuarón. Il regista si era entusiasmato vedendo un documentario su una missione legata alla manutenzione del telescopio spaziale Hubble, e aveva in mente un film che desse allo spettatore la sensazione di vivere quell'esperienza in prima persona. Grazier rispose a varie domande tecniche di Cuarón, e la stessa sera la Warner gli fece recapitare una bozza di sceneggiatura. Tre anni dopo, *Gravity*, con George Clooney e Sandra Bullock debuttava con grande successo nelle sale cinematografiche di tutto il mondo. Oltre a quelli di Grazier, il film metteva a frutto i consigli della chimica e astronauta Cady Coleman, giudicati preziosi soprattutto per guidare i movimenti nello spazio della Bullock.

Quello di *Gravity* è solo l'esempio più recente di una serie di collaborazioni tra il mondo della scienza e quello della fiction che risale sino ai primi decenni di storia del cinema. Negli anni venti il regista tedesco Fritz Lang coinvolse il fisico e ingegnere austriaco Hermann Oberth, uno dei pionieri dei futuri progetti missilistici e astronautici, nella realizzazione del film *Una donna nella luna* (1929). Il film è considerato uno dei primi veri esempi di fantascienza e Lang commissionò a Oberth, tra l'altro, un razzo effettivamente funzionante per la prima del film. Oberth non riuscì a realizzare il razzo in tempo, ma l'intenso lavoro sperimentale per il film – in uno dei test lo scienziato perse addirittura l'uso dell'occhio sinistro – e i finanziamenti ricevuti da Lang furono messi a frutto qualche anno dopo, quando riuscì a lanciare un primo razzo a combustibile liquido; nel team c'era anche un giovane Wernher von Braun, futura mente dei missili tedeschi V2 e poi dei progetti spaziali americani che avrebbero portato l'uomo sulla luna. Von Braun stesso ebbe un ruolo importante come consulente per l'industria dello spettacolo. Tra il 1955 e il 1957 supervisionò e condusse una serie di documentari televisivi prodotti da Walt Disney sull'esplorazione spaziale. Realizzati con modellini, attori e animazioni, ebbero un tale impatto sul pubblico americano che il presidente Eisenhower ne chiese una copia per poterli visionare in privato. Un quotidiano dell'epoca vi intravide la svolta decisiva nella consapevolezza dell'importanza strategica dell'esplorazione spaziale: "Walt Disney potrebbe essere l'arma segreta dell'America per la conquista dello spazio! Metà dell'elettorato degli USA ha probabilmente raggiunto due impressionanti conclusioni: 'Si può fare' e 'Facciamolo.'"[42]

In questi rapporti non è solo il cinema a ricevere qualcosa. L'idea del famoso "conto alla rovescia" prima di ogni decollo di una missione spaziale, divenuto uno dei simboli principali di queste affascinanti imprese, viene proprio dal film *Una donna nella luna* del 1929, quasi trent'anni prima dello storico lancio del satellite Sputnik (1957) da parte dell'Unione Sovietica, abitualmente considerato lo spartiacque

[42] S. Watts, *Magic Kingdom. Walt Disney and the American Way of Life*, Boston, Houghton Mifflin, 1997, p. 311.

che segnò l'ingresso della scienza e tecnologia spaziale nella sensibilità pubblica. Il *countdown* fu introdotto dal regista Fritz Lang per aggiungere drammaticità a una sequenza del film.

1964, i tecnici di un'azienda telefonica scoprono l'eco del Big Bang
Il valore della serendipity

Quando vi capita di lamentarvi per un lavoro ripetitivo e poco creativo, ricordatevi di questa storia. Nel maggio 1964 Arno Penzias e Robert Wilson lavorano nel laboratorio dell'azienda di telecomunicazioni Bell nel New Jersey. Utilizzano un nuovo tipo di antenna estremamente sensibile per captare la radiazione a microonde di un satellite per le telecomunicazioni. Ma le loro rilevazioni sono disturbate da un persistente sibilo di fondo. Altri colleghi, in precedenza, hanno avvertito quello stesso sibilo, ma hanno sempre pensato che fosse un problema dell'apparecchiatura. Per mesi Penzias e Wilson controllano l'antenna, la orientano diversamente, scacciano i piccioni che hanno fatto il nido sull'antenna. Niente da fare, il sibilo è sempre lì.

Un giorno i due vengono a sapere di una conferenza di Jim Peebles nella vicina università di Princeton. Peebles fa parte di un gruppo che lavora a partire dall'ipotesi del fisico George Gamow, all'epoca ancora piuttosto controversa, secondo cui l'universo avrebbe avuto origine da uno stato denso e caldo, il cosiddetto Big Bang. Se l'ipotesi è giusta, dovrebbe essere ancora possibile trovare una traccia di quel calore iniziale, una sorta di "eco primordiale" del Big Bang. Penzias e Wilson si chiedono: e se quel maledetto sibilo che non riusciamo a eliminare fosse proprio la radiazione cosmica di fondo? Si incontrano con il gruppo di Princeton, che a sua volta sta costruendo una propria antenna per verificare l'ipotesi. Ma ormai è tardi: Penzias e Wilson sono pronti a pubblicare la loro misura della radiazione, che esce sull'*Astrophysical Journal* insieme a un articolo del gruppo di Princeton. Il loro risultato viene accolto come la conferma sperimentale dell'ipotesi del Big Bang, e per questo ricevono il premio Nobel per la fisica nel 1978. L'articolo, assai stringato, è uno dei più brevi tra quelli mai premiati con il prestigioso riconoscimento.

La vicenda di Penzias e Wilson testimonia come il percorso dalla conoscenza teorica alla tecnologia sia tutt'altro che lineare e come attività tecniche apparentemente di routine possano avere un impatto significativo anche sul piano conoscitivo, nel caso specifico addirittura sulla nostra comprensione dell'universo. Oggi scienza e tecnologia, ricerca e innovazione si presentano sempre più spesso indissolubilmente intrecciate, con scienziati che operano in settori spiccatamente applicativi e tecnici che operano nell'ambito della ricerca. In questa interazione non è più solo la scienza a stimolare la tecnologia, ma anche la tecnologia a influenzare la scienza, contribuendo a individuare settori o argomenti meritevoli di ricerca scientifica o fornendo apparecchiature strumentali tali da rendere possibili o perfino ispirare determinati esperimenti e osservazioni.

Ma la scoperta della radiazione cosmica di fondo è tramandata anche come un esempio tra i più eclatanti della cosiddetta "*serendipity*", un'espressione "originalmente coniata per indicare una qualità dell'attore in una felice scoperta accidentale, venuta con l'uso a coincidere con l'evento della scoperta accidentale nel suo complesso, e perfino con l'oggetto di una simile scoperta".[43] Altri esempi spesso citati sono quello di Fleming e della penicillina o la scoperta dei raggi X da parte di Röntgen.

Penzias e Wilson non stavano certo cercando con la propria antenna di comprendere l'origine dell'universo, ma intuirono in fretta ciò che avevano effettivamente rilevato; seppero trovarsi al posto giusto nel momento giusto, incrociando con fiuto e tempismo capacità tecnologica e comprensione teorica ormai mature. Precedenti tentativi di rilevazione erano stati perlopiù ignorati dai teorici; altri tecnici avevano liquidato lo stesso sibilo come un mero disturbo di fondo.

Il termine *serendipity* fu introdotto dallo scrittore inglese Horace Walpole nel 1754, per descrivere una scoperta fatta con "sagacia accidentale". Prese spunto

[43] R.K. Merton-E. Barber, *Viaggi e avventure della Serendipity*, Bologna, il Mulino, 2002, p. 168.

da una fiaba di origine persiana, già nota anche in Italia come il *Peregrinaggio di tre giovani figliuoli del re di Serendippo* (dall'antico nome dello Sri Lanka), i cui protagonisti davano, in realtà, prova soprattutto di acuta capacità di osservazione. Col tempo, l'uso del termine si è esteso ben oltre l'ambito scientifico: *Serendipity* è il titolo di una commedia sentimentale del 2001 con John Cusack (il riferimento è al ruolo del destino nell'amore); è utilizzato da giallisti come Ian Rankin per descrivere le improvvise e fortunose intuizioni degli investigatori, e campeggia perfino su certi cataloghi di biancheria femminile.

1899, la trappola per topi, eterno sogno proibito degli innovatori

La forza duratura dell'innovazione "semplice"

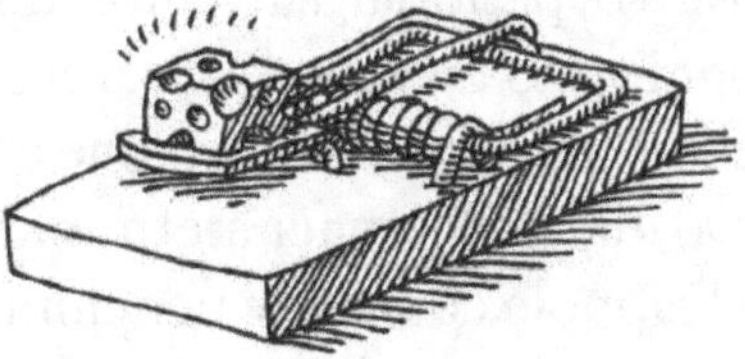

La principale ossessione degli inventori, almeno da quando esistono i brevetti, non è il moto perpetuo o una fonte di energia illimitata, ma un piccolo strumento assai diffuso soprattutto nelle case di campagna. La trappola per topi è di gran lunga l'oggetto più brevettato nella storia dell'innovazione, e anche nell'epoca dell'innovazione digitale continua imperterrita a ispirare la fantasia degli inventori.

Da quando aprì i battenti, nel 1838, l'Ufficio brevetti degli Stati Uniti ha concesso quasi cinquemila licenze per trappole per topi, più che per qualsiasi dispositivo, perlopiù a inventori dilettanti, e ogni anno continua a ricevere centinaia di proposte (approvandone qualche decina) dai più tenaci sterminatori di topi. Trappole concepite per eliminare il povero topolino nei modi più disparati: per annegamento, soffocamento, imprigionamento senza uscita, compressione del naso (!), scossa elettrica, ghigliottina, mediante esplosivo o intrappolandolo addirittura tramite un minuscolo triciclo (!). L'ambizione di creare una trappola più efficace delle altre affascina gli inventori: forse perché affronta un problema concreto e diffuso la cui soluzione sembra alla portata di tutti, perfetta incarnazione dell'operosità e del riconoscimento che essa può dare, soprattutto nella cultura americana. Al poeta americano Ralph Waldo Emerson si attribuisce talvolta il detto, probabilmente apocrifo, secondo cui "l'uomo che saprà scrivere un libro migliore, predicare un sermone migliore, o costruire una trappola per topi migliore del proprio vicino, ebbene, il mondo intero verrà alla sua porta".

Ma la trappola per topi offre anche una significativa lezione su quanto sia difficile risolvere un problema apparentemente così semplice e quanto possa essere sofisticato un oggetto apparentemente così elementare. Poco più di una ventina delle migliaia di trappole per topi brevettate hanno fatto guadagnare qualcosa ai loro inventori: tutte le altre sono finite dritte nel dimenticatoio.

Questo oggetto dall'apparenza modesta ma dall'impatto decisivo su igiene e salute ci ricorda anche quanto possa essere duraturo il successo di una tecnologia semplice ed efficace, e quanto sia difficile migliorarla.

Da più di un secolo ormai la trappola per topi per eccellenza è quella a scatto, che tutti abbiamo visto almeno una volta, se non in una casa di campagna, almeno in un cartone animato. Fu realizzata alla fine dell'Ottocento da dilettanti come John Mast negli Stati Uniti e in forma assai simile in Inghilterra dal negoziante di ferramenta Henry Atkinson. Mast era un imprenditore del settore alimentare, stufo di vedere i topi saccheggiare le sue derrate. Ad avvantaggiarlo su altri inventori dilettanti, la possibilità di disporre già di un proprio stabilimento e di operai che passarono rapidamente ad assemblare trappole in serie.

Il suo modello (presentato all'Ufficio brevetti americano nel 1899) si rivelò al tempo stesso letale per i topi e rispettoso delle dita di chi posizionava le trappole. Con minime varianti, la loro invenzione si vende ancora oggi in milioni di esemplari, contribuendo a eliminare circa duecentocinquanta milioni di topi ogni anno.

Singolare coincidenza è che la longevità di questa innovazione caratterizzi anche l'omonima pièce teatrale della scrittrice britannica Agatha Christie, *Trappola per topi* (*The Mousetrap*): lo spettacolo in assoluto più rappresentato dell'era moderna, messo in scena ininterrottamente nei teatri londinesi dal suo esordio nel 1952 a oggi, per un totale di oltre venticinquemila repliche.

1970, ascesa e caduta del test PSA
Quando l'innovazione travolge e sconcerta gli stessi innovatori

Il titolo del libro è inequivocabile e inquietante, soprattutto se siete maschi sopra una certa età: *La grande beffa della prostata*. Il sottotitolo fa pensare a un'inchiesta scandalistica o a un esempio di controinformazione: "Come la grande medicina ha messo le mani sul test PSA, provocando un disastro nella sanità." Un tono piuttosto categorico contro un test

– quello del dosaggio dell'antigene prostatico specifico – che negli ultimi decenni è divenuto assai diffuso, in alcuni paesi, per la diagnosi del tumore alla prostata. E una critica che si potrebbe liquidare come una voce controcorrente, se non fosse che viene da Richard Ablin, professore di patologia all'Università dell'Arizona, ovvero proprio lo scienziato che ha scoperto l'antigene PSA nel 1970. Ablin accusa i medici, il settore farmaceutico e la Food and Drug Administration americana di aver agito "anteponendo gli interessi finanziari a quelli dei pazienti", trasformando il test PSA in un esame di routine con più controindicazioni che benefici, fissando una soglia del test oltre la quale scatta l'allarme che Ablin definisce "arbitraria". Il test, secondo lui, ha un'utilità specifica per monitorare pazienti già operati, ma il modo in cui viene usato, soprattutto negli Stati Uniti, oltre che a elevate spese sanitarie, porta "molti individui a ricevere trattamenti non necessari, con relativi rischi collaterali".

La discussione in merito resta aperta, tra gli esperti del settore, ma il caso di Ablin e della PSA non è certamente unico nel suo genere. Può accadere, infatti, che scoperte o innovazioni di grande impatto siano "rinnegate" da chi le ha intuite o messe in moto; che la loro affermazione, impatto e diffusione travolga e spiazzi gli stessi scopritori o innovatori.

Alcuni dei casi più eclatanti riguardano, come è facile immaginare, l'ambito bellico. Se una parte degli scienziati coinvolti nella realizzazione della prima bomba atomica, sganciata su Hiroshima con tragiche conseguenze per la popolazione civile, rimase convinta fino alla fine dell'importanza e necessità del progetto, altri restarono profondamente segnati dal suo drammatico esito.

In tempi più recenti, il chimico americano di origine russa Alexander Shulgin si fece un nome sviluppando per una grande azienda il primo pesticida biodegradabile e pubblicando importanti articoli scientifici. Nel 1976 elaborò un nuovo procedimento di sintesi di una sostanza sino ad allora trascurata, pensando che potesse essere di aiuto nella psicoterapia. La MDMA, spesso nota come "ecstasy", si diffuse in modo cospicuo nei decenni successivi. Il quotidiano *Daily Mail* si chiese se Shulgin fosse responsabile della morte di centinaia di giovani; il chimico si disse rammaricato per il modo in cui era stata usata la sua scoperta, ma soprattutto per il fatto che, essendo divenuta illegale, non era più possibile condurre esperimenti sui suoi effetti. Negli anni novanta, un portavoce dell'agenzia federale antidroga statunitense affermò che copie del libro autobiografico scritto da Shulgin con la moglie si trovavano in tutti i laboratori clandestini in cui l'agenzia faceva irruzione, definendolo "un libro di ricette per sostanze illegali".

Ma il rapporto ambivalente degli studiosi con i propri risultati non è circoscritto alle scienze naturali. A metà degli anni sessanta, due psicologi di Harvard allievi di Skinner, i fratelli Gable, utilizzarono la tecnologia missilistica per realizzare un braccialetto elettronico da far indossare a ragazzi in carico ai servizi sociali. L'idea era quella di ricompensare positivamente i comportamenti corretti dei ragazzi, e in effetti il sistema portò a una riduzione nella recidività dei reati. Una decina di anni dopo, quando i due fratelli avevano già lasciato Harvard, il sistema si diffuse come forma di controllo e punizione, secondo quella che i due definirono "una grossolana appropriazione indebita" del proprio sistema.

Questo rapporto ambivalente con le proprie creazioni oggi naturalmente investe anche le tecnologie digitali. È recente il caso di Flappy Bird, videogioco elementare dal successo così vasto e inatteso – scaricato cinquanta milioni di volte, generava per il suo autore profitti di cinquantamila dollari al giorno – da travolgere il giovane programmatore vietnamita Dong Nguyen, che lo aveva realizzato come svago nel tempo libero. Sopraffatto dai messaggi di giocatori che sostenevano di aver rotto lo smartphone a forza di giocarci e lo definivano “fonte di dipendenza come il crack”, Nguyen ha deciso a sorpresa di rimuoverlo dagli app store: “Questo gioco mi ha rovinato la vita.”

Chissà se, potendo, anche Ablin e gli altri avrebbero scelto di cancellare con un click scoperte e invenzioni sfuggite loro di mano.

1961, supereroi con superproblemi

Nessuna innovazione è mai così perfetta da non poter essere migliorata

1961. La leggenda vuole che Martin Goodman, editore della Marvel, chiacchieri sconsolato giocando a golf con uno dei boss della concorrente DC Comics, l'editrice che ha inventato i supereroi con personaggi come Superman e Batman. Alla Marvel le cose non vanno bene. Il pubblico sembra aver perso l'interesse per i supereroi classici come Capitan

America, così popolari durante e dopo la guerra. A quelli della DC scappa detto che stanno facendo un mucchio di soldi con un fumetto che vede protagonista non un singolo supereroe ma un gruppo di supereroi, la Justice League of America. Goodman ci rimugina mentre torna a casa, poi convoca il suo autore Stan Lee, chiedendogli di pensare a un super gruppo su quello stile.

Lee, che negli anni precedenti ha abbandonato i supereroi per scrivere storie dei generi più disparati, è demoralizzato dalla situazione, vuole mollare, non vede più un futuro nel settore. Ne parla con la moglie, che lo convince a fare un ultimo tentativo ("Per una volta, scrivi il fumetto che vorresti leggere"). Lee ne parla con il disegnatore Jack Kirby. Anche per evitare accuse di plagio da parte della DC, occorre immaginare un gruppo completamente diverso. Lee e Kirby si mettono al lavoro "abbozzando e scartando un milione di idee" mentre intorno a loro è già iniziata la smobilitazione degli uffici.

Nel novembre 1961 esce il primo numero di *Fantastic Four*. Rispetto agli altri supereroi, il tono è subito più realistico, i protagonisti hanno personalità conflittuali e complesse, la base d'azione è New York e non una città immaginaria. Uno dei quattro protagonisti, Ben "La Cosa", vive la propria mutazione in un colosso di pietra, causata dai raggi cosmici durante una missione spaziale, con un disagio che presto diventa metafora di ogni forma di emarginazione ed esclusione. I dati di vendita non arrivano immediatamente, ma la redazione è invasa da lettere e telefonate.

Lee prende fiducia e propone all'editore un nuovo personaggio: un adolescente timido e mingherlino con poteri straordinari. Goodman è perplesso, ma gli lascia fare una prova su una testata destinata comunque alla chiusura, *Amazing Fantasy*. Lee inizia a lavorare con Kirby, ma non è soddisfatto: il protagonista è troppo muscoloso, troppo supereroe. Le cose funzionano meglio con un altro disegnatore, Steve Ditko: è lui a ideare il costume e la maschera. Nasce così Spider-Man, e è subito un successo. Il numero che lo vede in copertina risulta il più venduto della rivista, garantendogli una propria testata. Il distacco con la tradizione non potrebbe essere più netto. Le vicende personali e sentimentali dello studente Peter Parker – orfano, impacciato, pieno di complessi e di sensi di colpa – appassionano i lettori (e le lettrici, pubblico sino ad allora quasi estraneo al fumetto di supereroi) quanto quelle del suo alter ego mascherato. A lungo considerato un pericolo pubblico nonostante le sue benefiche imprese, Spider-Man vede nascere alcune delle peggiori minacce (Goblin, Lizard) tra le persone più care. All'universo immaginario, ciclico e immutabile dei supereroi DC se ne contrappone uno fortemente permeabile all'attualità sociale (fanno scandalo, nella società americana, le storie in cui si tocca il tema della tossicodipendenza) e attento all'evoluzione psicologica dei protagonisti. Anche personaggi apparentemente minori come la zia di Peter, May, diventano familiari al pubblico; quando la storica fidanzata, Gwen Stacy, muore in un episodio della serie, i lettori, sconvolti, sommergono di proteste la Marvel, arrivando a minacciarne gli autori. I "supereroi con superproblemi" sono ormai divenuti patrimonio collettivo.

Nel corso degli anni sessanta, Lee continua a sviluppare la sua ricetta vincente con una serie di personaggi che vivono con ambivalenza le proprie doti straordinarie, spesso messe in relazione con esperimenti scientifici, innovazioni tecnologiche o misteriose mutazioni genetiche: X-Men, Iron Man, Hulk. Sopraffatto dalle scadenze delle testate, lascia spesso totale libertà ai disegnatori, dopo aver loro spiegato sommariamente le storie, aggiungendo solo in seguito i dialoghi: sarà un'altra delle chiavi del successo.

Necessità di cambiamento per sopravvivere, imitazione "originale" di innovazioni altrui (l'idea di un team di supereroi), ribaltamento di convenzioni espressive, felici coincidenze di circostanze e talenti, capacità di intercettare i mutamenti del pubblico: questi e altri fattori contribuirono al formidabile successo di Lee e soci. Oltre alla capacità e al coraggio di continuare a rinnovarne l'intuizione di base; come nel 1964, quando Lee e il suo team spingono la formula all'estremo, creando un'inedita figura di super eroe disabile, Daredevil, che la perdita della vista ha portato a sviluppare tutti gli altri sensi.

1802, l'"invenzione" delle nuvole

Il dilettante che cambiò il nostro modo di guardare al cielo

Il modo in cui ancora oggi guardiamo al cielo dipende da quello che avviene in un seminterrato londinese in un tardo pomeriggio del dicembre 1802. Qui si riunisce la Askesian Society, una sorta di club fondato da due quaccheri, in cui si discute di scienza in modo molto più informale che alla più celebre Royal Society e talvolta si fanno anche esperimenti con il gas esilarante. I membri dell'associazione sono obbligati a presentare a turno un proprio contributo, pena il pagamento di una multa. Quella sera tocca a Luke Howard (1772-1864), un farmacista neppure trentenne con la passione della botanica e della meteorologia.

Figlio di un fabbricante di lampade a olio, Howard ha studiato in una severa scuola gestita dai quaccheri, dove si dedicano molte ore allo studio della natura, anche all'aperto, e altrettante allo studio del latino. Howard preferisce di gran lunga le prime. La sua adolescenza è segnata dalla tremenda estate 1783, in cui il clima fu completamente stravolto, probabilmente a causa di fenomeni geologici. Inizia presto a lavorare come apprendista in un laboratorio farmaceutico e qualche anno dopo si trasferisce fuori città, dove può riprendere le osservazioni del cielo che lo affascinavano sin da bambino. Quando inizia a parlare in quel pomeriggio del 1802, è uno sconosciuto. Altrettanto inedito e neppure facile da definire è il tema proposto, "che qualcuno troverà forse insolitamente privo d'importanza pratica", come lui stesso riconosce con un certo *understatement*.

Howard ha un'ora di tempo, prima che il pubblico se ne vada a cena, per convincere gli astanti che c'è spazio per un nuovo filone di studi scientifici, una "nuvologia", o "scienza delle nuvole". Quell'ora, si è scritto, "sarebbe stata ricordata dagli storici, come dai sognatori a occhi aperti". I membri della Askesian Society non si perdono una sola delle parole di Howard. La forma delle nuvole, i loro cambiamenti, "il linguaggio del cielo" ha finalmente trovato una classificazione convincente ed efficace. Grazie a questa classificazione diventa possibile registrare le proprie osservazioni meteorologiche, come spiega lo stesso Howard, "con brevità e precisione" e "analizzare le esperienze altrui".

Tra il pubblico c'è l'editore della prestigiosa *Philosophical Magazine*, Alexander Tilloch, che chiede subito a Howard un saggio da pubblicare. Howard lo arricchisce con splendide illustrazioni – in gran parte disegnate da lui – e una simbologia che consente una rapida annotazione delle formazioni nuvolose.

Altri, naturalmente, avevano tentato di arrivare a un simile obiettivo: uno tra gli scienziati che vi erano giunti più vicini era il naturalista francese Jean-Baptiste Lamarck. Ma questi vedeva ancora le nuvole come entità individuali. Howard, forse grazie anche alla sua passione per la botanica e alla sua esperienza professionale di farmacista abituato a combinare sostanze, le vede come "membri di specie" sulla falsariga delle classificazioni di Linneo.

La sua intuizione fondamentale fu che "le nuvole hanno molte forme individuali ma poche forme di base". La sua classificazione era elementare e basata sul linguaggio universale di quel latino su cui aveva dovuto passare tante ore a scuola. Tre forme di base: *cirrus*, *cumulus* e *stratus*, e una serie di modificazioni composte e intermedie: *cirrocumulus*, *cirrostratus*, *cumulostratus* e *cumulocirrostratus*. Inoltre, la profonda religiosità di quacchero, secondo gli storici, portava Howard a intendere la tassonomia come una sorta di "rispettosa classificazione del creato"; una tassonomia che si rivela di grande utilità pratica nella comprensione dei fenomeni, senza al tempo stesso renderli troppo aridi. Contemplando la mutevolezza delle nuvole, il suo sistema permetteva alla natura aerea di mantenere tutto il suo antico fascino, preservando "la bellezza del cielo, così come gli aspetti dinamici del suo mistero", non scalfiti da "un deciso progresso verso la chiarezza e la verità scientifica".[44] Da qui lo straor-

[44] R. Hamblyn, *The Invention of Clouds*, London,

dinario successo che il lavoro di Howard ebbe, oltre che tra gli scienziati, anche tra poeti come Shelley e pittori come Constable, che lo riconobbero subito come fonte di ispirazione. Goethe ne fu così impressionato da dedicare alle nuvole e allo stesso Howard una serie di scritti, tra cui le osservazioni *La forma delle nuvole secondo Howard*, pubblicate nel 1820, e i versi *All'alta memoria di Howard*, dell'anno successivo, dove scriveva ammirato: "Quel che fermare, raggiunger non si può, Egli per primo, l'afferra e lo trattiene. Determina l'indeterminato, lo delimita. Lo definisce in modo pertinente."[45]

Con la freschezza intellettuale e l'ingenuità spesso tipiche dei dilettanti, Howard seppe combinare competenze

Picador, 2001; trad. it., *L'invenzione delle nuvole*, Milano, Rizzoli, 2001, p. 188.

[45] J.W. Goethe, 1821, trad. it. in *La forma delle nuvole e altri saggi di meteorologia*, Milano, Archinto, 2000.

e contesti diversi: l'interesse per la meteorologia e la passione classificatoria in campo botanico, lo studio del latino, la sensibilità religiosa e culturale del proprio tempo per il fascino dei fenomeni atmosferici. Non scoprì, né inventò alcunché di nuovo in senso stretto, ma realizzò una sintesi innovativa e duratura di conoscenze ed elementi già disponibili che nessuno aveva saputo collegare e reinterpretare in modo così chiaro ed efficace. È una delle definizioni che gli studiosi danno dell'innovazione: una "combinazione di elementi esistenti e conosciuti della cultura, sia materiale che non materiale, o la modifica di un elemento per formarne uno nuovo".[46]

[46] W.F. Ogburn (or. ed. 1922), *Social Change with Respect to Culture and Original Nature*, Gloucester (Mass.), Peter Smith, p. 378. Ogburn non usa esplicitamente il termine "innovazione", ma perlopiù quello di "invenzione", seppure in un'accezione generale (parla per esempio a lungo di "social invention"). La sua, tuttavia, è indubbiamente una teoria sociale dell'inno-

Combinazioni e trasformazioni: proprio come quelle delle nuvole a cui Howard seppe finalmente dare un nome.

vazione. Cfr. B. Godin, *Innovation Without the Word: William F. Ogburn's Contribution to Technological Innovation Studies*, Working Paper No. 5, Project Intellectual History of Innovation, Montréal, 2010.

1965, l'uomo che visse nel futuro

Immaginare ieri l'innovazione di domani

Nella sua *Trilogia della Fondazione*, lo scrittore Isaac Asimov immagina che una nuova scienza, la psicostoriografia (descritta come "la quintessenza della sociologia") permetta allo studioso Hari Seldon di prevedere il lungo declino dell'Impero galattico e di porre le basi per la sua ricostruzione.

Daniel Bell (1919-2011), sociologo di

Harvard, fu una sorta di Hari Seldon del XX secolo. Nel suo libro del 1974, *The Coming of Post-Industrial Society* ("L'avvento della società postindustriale"), descrisse quello che poi sarebbe divenuto il nostro presente, l'economia della conoscenza e la società globale dell'informazione.

Ma Bell fu anche il protagonista di una singolare impresa che merita di essere riscoperta. Nel 1965, l'Accademia americana delle scienze formò una commissione con l'incarico di immaginare la società e il mondo del XXI secolo. In un'America proiettata verso il futuro, nel decennio che si era aperto con l'ambizioso proclama sull'esplorazione spaziale di Kennedy di fronte al Congresso e che si sarebbe concluso con il primo uomo sulla luna, decifrare le sfide del Duemila pareva un obiettivo ragionevole e alla portata delle migliori menti del paese. Anzi, sembrava quasi un atto dovuto. "Una società interdipendente come la nostra," esordì Bell, “non ha il dovere di impegnarsi in qualche forma di riflessione sul futuro?”[47]

Bell raccolse intorno a un tavolo trenta studiosi di varie discipline che fa ancora impressione elencare: tra gli altri, l’antropologa Margaret Mead, lo zoologo Ernst Mayr, lo psicologo Erik Erikson, il sociologo David Riesman; i politologi Samuel Huntington (in seguito noto per il suo libro *Lo scontro delle civiltà e il nuovo ordine mondiale*) e Zbigniew Brzezinski (futuro consigliere per la sicurezza nazionale durante l’amministrazione Carter); economisti come Martin Shubik. Sotto la direzione di Bell, la commissione si riunì due volte al completo, oltre a lavorare su settori specifici. I risultati furono poi pubblicati in un libro, tradotto anche in Italia e precocemente dimenticato, come

[47] D. Bell (ed.) *Toward the Year 2000*, special issue of *Daedalus*, 1967; trad. it., *Prospettive per il XXI secolo*, Milano, Mondadori, p. 35. Le citazioni successive provengono da pp. 74, 417, 493.

purtroppo è spesso accaduto all'opera di Bell nel nostro paese.

Quale futuro immaginarono Bell e i suoi convitati per l'America e per il mondo? Le loro riflessioni e conclusioni si prestano naturalmente a una lettura di superficie, divertente e a tratti illuminante, su quali e quante previsioni si siano effettivamente avverate. C'è, per esempio, una straordinaria lista di "cento innovazioni probabili da qui al Duemila". Alcune sono incredibilmente vicine al nostro presente tecnologico quotidiano: "strumenti elettronici per uso personale (forse perfino telefoni tascabili) per la comunicazione, il calcolo e l'elaborazione di dati"; "esteso e intenso uso in tutto il mondo della fotografia da grandi altezze per mappe" (non vi ricorda Google Maps?). Altre sono rimaste ricorrenti suggestioni fantascientifiche: "ibernazione umana per mesi o anni"; "cibi e bevande sintetiche". Un certo numero di previsioni investono oggi i nodi più critici e conflittuali del rapporto tra scienza e società: "possibilità di scegliere il sesso dei figli"; "esteso controllo genetico sulle piante e sugli animali"; "forme primitive di vita artificiale". Una, se si fosse avverata, avrebbe forse potuto evitare note vicende di attualità: "metodi non nocivi di superappagamento sessuale".

Certo, con gli occhi del presente è facile lasciarsi suggestionare da alcune considerazioni di simili "visionari": quando delineano, per esempio, un'espansione e trasformazione delle relazioni grazie ai media digitali, il problema della privacy e perfino il rischio di una società "malata di sovraccarico di informazione". Ma ciò che più mette i brividi sono alcune riflessioni che in sé racchiudono il cuore delle grandi sfide, ancora aperte, per il nostro tempo. "Nella nostra discussione abbiamo assunto che tutto cambia, tranne l'uomo; soltanto l'uomo rimane immutabile. Ma io mi chiedo se questo sia un principio corretto," interviene Mayr, lasciando intravedere i dilemmi che gli sviluppi della genetica o le frontiere del doping faranno deflagrare.

Non sono da meno gli scenari politici: "Verso il Duemila," secondo Huntington, "la potenza americana comincerà a declinare, e altri paesi si muoveranno per riempire il vuoto. Tra quelli che assumeranno un ruolo preminente vi saranno la Cina [...] e il Brasile."

E chi pensa che l'emergenza del clima sia una scoperta recente o addirittura un'intuizione di Al Gore, stia a sentire il demografo Roger Revelle, nel 1965: "Verso il Duemila, vi sarà stato un aumento del 25% dell'anidride carbonica contenuta nell'atmosfera rispetto al 1900 [...]. Cosa significherà per il clima?" Qui davvero la conclusione potrebbe essere pessimistica: a che serve prevedere il futuro, se poi non si può fare niente per cambiarlo?

Tuttavia, è forse proprio qui che si annida la lezione più profonda di questo audace convito intellettuale. Ed è per questo che oggi ci impressiona il coraggio visionario di Daniel Bell e dei suoi colleghi; la loro intuizione che riflettere sul nostro futuro sia di per sé una conquista, se non una necessità morale.

Bell concluse i lavori della commissione con una di quelle parabole che spesso amava citare. "C'era una volta un rabbino, che aveva fama di conoscere ciò che era nella mente degli uomini. Un cattivo ragazzo andò a trovarlo e disse: 'Rabbi, nella mia mano ho un uccellino. È vivo o morto?' E fra sé pensava: 'Se dirà che è morto, lo lascerò volar via; se dirà che è vivo, lo schiaccerò.' 'Allora, Rabbi, è vivo o morto?' Il rabbino lo guardò negli occhi, e tranquillamente disse: 'Come vuoi tu, figliolo, come vuoi tu.'"

1973, due ventenni, quindici battute e alcune campane rivoluzionano l'industria discografica

L'importanza di essere vergini

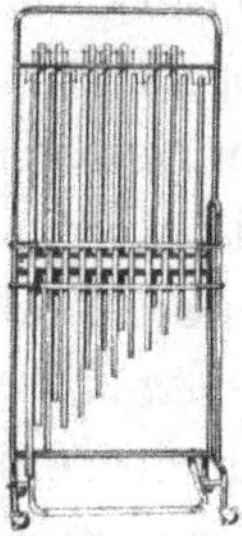

Primi anni settanta, Inghilterra. Il mercato discografico è dominato da pochi grandi colossi multinazionali. Mike è un ragazzino prodigio che spesso si esibisce accompagnando alla chitarra la voce della sorella Sally. Entra come bassista nel giro del cantautore psichedelico Kevin Ayers, ma le esibizioni dal vivo gli procurano attacchi di panico. Si ritira allora nella casa di famiglia, dove trova sollievo ascoltando musica classica. Quando torna, il gruppo di Ayers è già in via di scioglimento. Mike ottiene in prestito dal leader un piccolo registratore e con quello si chiude in una soffitta nel nord di Londra per provare a sviluppare la propria idea musicale, "come via d'uscita dall'angoscia che provavo all'epoca". L'idea di partenza, ispirata anche dall'ascolto di opere minimaliste come *A Rainbow in Curved Air* di Terry Riley, è quella di una sequenza musicale ripetitiva. Mike si mette all'organo Farfisa del tastierista di Ayers finché ne tira fuori un riff di quindici battute in la minore ("in modo da poter suonare solo sui tasti bianchi," ricorda). Accende il registratore e suona quella stessa frase per cinque minuti. La riascolta. Funziona. "Quarant'anni dopo, non ho ancora trovato un riff migliore," dirà un giorno. Mike ha scoperto che, manomettendo il registratore con un cacciavite e un pezzo di carta, è possibile registrare su una traccia e poi riversare tutto sull'altra per aggiungere altri strumenti. Così sovrappone alla sequenza un basso e poi una campanella giocattolo per bambini. Il risultato sono circa venti minuti di musica. Mike la fa ascoltare ad alcune case discografiche, ma le reazioni sono piuttosto tiepide – come si fa a pubblicare un album tutto strumentale, e di uno sconosciuto, poi?

È qui che entra in scena il secondo giovane. Richard è un ragazzo sveglio che già da studente ha messo in piedi un business chiamato Student Advisory Centre, con cui offre consulenze agli studenti su un po' tutto quello che serve, dagli affitti alle tecniche di contraccezione. E già che c'è, vende anche dischi alternativi a prezzo scontato. Quest'ultimo business prende presto il sopravvento e il giovane Richard apre un negozio di dischi a Oxford Street, e altri in giro per il Regno Unito. Quando si presenta l'occasione di comprare una proprietà vicino a Oxford per fare uno studio di registrazione, Richard si fa prestare trentamila sterline da una zia.

Mike arriva allo studio per accompagnare come musicista uno dei primi clienti e qui riesce a far ascoltare ai collaboratori di Richard i suoi nastri. Richard acconsente a lasciargli usare lo studio per una settimana, chissà che non ne venga fuori qualcosa di buono. Mike lavora alacremente, registra da solo quasi tutti gli strumenti (chitarra, basso, organo, glockenspiel, mandolino, percussioni). Manca un tocco finale: trova in studio delle campane tubolari lasciate da un ben più illustre ospite, il musicista gallese John Cale. Le percuote con un martello. Trova così anche il titolo definitivo dell'album. A quel punto Richard prende la decisione: se nessuno vuole pubblicare questa musica, lo farò io.

Tubular Bells di Mike Oldfield esce il 25 maggio 1973: l'autore ha appena compiuto vent'anni. È il primo album pubblicato dalla Virgin Records di Richard Branson. Il disco entra in classifica due mesi dopo. Ci resterà per 264 settimane. Diventa un successo planetario anche grazie all'inclusione del tema principale nella colonna sonora del film *L'esorcista* di William Friedkin (1973). Così, due pivelli, entrambi debuttanti (come autore l'uno, come imprenditore discografico l'altro), "vergini" come il nome scelto da Branson per l'etichetta, rivoluzionano gli equilibri dell'industria discografica, lanciando quella che in poco tempo diventa la più grande etichetta indipendente del mondo. Anziché limitarsi a coltivare un genere musicale e pubblicare emuli di Oldfield come logica tradizionale suggerirebbe, negli anni successivi Branson cavalca l'onda di cambiamento che attraversa il mondo musicale e giovanile, pubblicando senza esitazioni un altro album d'esordio che nessuna casa discografica voleva: *Never Mind the Bollocks* dei Sex Pistols (1977).

2014, il genoma da mille dollari

Nascita della scienza "fatta in casa"?

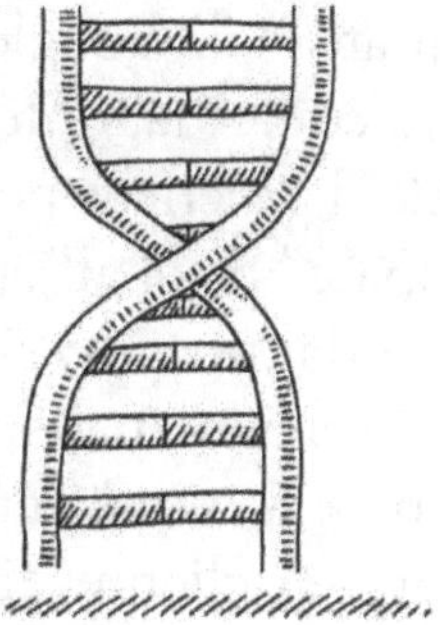

Nel 2008, un gruppo di celebrità si ritrovò a New York su invito di grandi imprenditori dei media come Rupert Murdoch e Harvey Weinstein per uno "*spit party*". Gli ospiti della serata, che le testate giornalistiche battezzarono ironicamente "spitterati", ricevettero un kit per raccogliere la propria saliva, destinata a test genetici personalizzati. Il servizio era offerto da una nuova azienda nel settore delle biotecnologie, 23andMe. Fondata due anni prima da Linda Avey e Anne Wojcicki (moglie di Sergey Brin, cofondatore di Google), l'azienda si proponeva come "la fonte attendibile di informazioni genetiche personalizzate su scala globale" e già all'epoca offriva direttamente dal proprio sito web, per soli 399 dollari, un'analisi di 580.000 marcatori o variazioni genetiche che promettevano al cliente di sapere, tra l'altro, con quale probabilità avrebbe potuto sviluppare un centinaio di patologie, la predisposizione a un quoziente di intelligenza elevato, se un bambino fosse effettivamente figlio di un certo padre. *Time* la mise al primo posto delle innovazioni di quell'anno, e i media previdero che il servizio di 23andMe sarebbe diventato il prossimo status symbol; al World Economic Forum di Davos l'azienda distribuì mille kit per raccogliere la saliva dell'élite economica mondiale.

Già allora il mondo iniziò a rendersi conto di quale fulmineo sviluppo avesse avuto la tecnologia del settore, mettendo alla portata del singolo paziente dati e analisi che prima erano accessibili solo ai principali enti di ricerca e istituzioni sanitarie. Ma è del 2014 l'annuncio dell'azienda californiana Illumina di essere in grado di sequenziare un intero genoma umano per meno di mille dollari. Una soglia che all'inizio degli anni duemila era stata ipotizzata come scenario futuribile, al punto che Craig Venter aveva offerto con la propria fondazione cinquecentomila dollari a chi l'avesse raggiunto. In pochi anni il costo del sequenziamento è sceso, dai tre miliardi di dollari investiti per completare il primo, a un ritmo tale da far impallidire perfino le "leggi di Moore" sullo sviluppo esponenziale della microelettronica e la riduzione dei suoi costi unitari. Bastano 599 dollari per portarsi a casa OpenPCR, l'IKEA della biologia molecolare: una scatola di montaggio per assemblare da sé la rivoluzionaria tecnica che valse a Kary Mullis il premio Nobel per la chimica, e tutti i disegni e le istruzioni sul web per chi volesse modificare o sviluppare l'attrezzatura. Secondo lo studioso di tecnologia Marcus Wohlsen, "il prossimo Bill Gates della biotecnologia potrebbe sviluppare una cura per il cancro nel suo garage".

Attorno a questi strumenti "low cost" fiorisce non di rado una controcultura che si ispira alle pratiche hacker in campo informatico, in polemica con l'establishment della ricerca biologica ufficiale. DIYbio, per esempio, è un'attivissima comunità di biologi "fai da te" che offre ai suoi membri supporto informativo, istruzioni per costruire apparecchiature e una micronewsletter formato cartolina, perfetta per chi non vuole dare troppo nell'occhio con i condomini, avendo magari allestito un discreto laboratorio nel sottoscala.

Da un lato, si può guardare a questi fenomeni come a un ritorno della biologia alla dimensione che le era propria sino a buona parte del secolo scorso. I biografi ci raccontano con dovizia di particolari pittoreschi gli esperimenti di Pasteur in un vecchio caffé abbandonato di Arbois, durante la stagione estiva, con un assistente che gli portava acqua dalla fontana e "goffi apparecchi usciti dalle inesperte mani del fabbro e del falegname del villaggio".[48] Gli stessi Watson e Crick condussero le ricerche che li portarono nel 1953 alla scoperta della struttura del DNA in un minuscolo ufficio del Cavendish Laboratory; alcuni anni dopo la scoperta, Crick aveva ancora la sua base operativa in un capannone per le biciclette. Fu solo nel

[48] P. de Kruif, *Microbe Hunters*, New York, Harcourt and Brace, 1926; trad. it., *Cacciatori di microbi*, Milano, Mondadori, 1948, p. 42.

corso degli anni ottanta che la biologia intravide la possibilità di compiere un salto di scala, intraprendendo progetti ambiziosi anche dal punto di vista delle risorse e dell'organizzazione, sul modello di quelli divenuti comuni in campo fisico sin dal periodo bellico.

D'altra parte, secondo alcuni commentatori, il "genoma da mille dollari" non avrà, almeno nel breve periodo, impatto sui singoli pazienti, e nemmeno sui medici. La novità, infatti, è rilevante per ora soprattutto per i ricercatori i cui studi coinvolgono numeri elevati di pazienti. Per progetti come quello annunciato lo scorso anno dal premier britannico David Cameron, che ambisce a sequenziare il genoma di centomila pazienti, ridurre il costo unitario di ciascun sequenziamento è fondamentale. Insomma, una scienza low cost, ma non ancora alla portata di tutti, anche tenuto conto del fatto che le apparecchiature Illumina sono vendute in blocchi da dieci per una spesa minima di dieci milioni di dollari.

Ancora più incerto pare il futuro del business "*direct-to-consumer*". Dopo un avvio promettente, 23andMe era arrivata a offrire test per novantanove dollari, con l'obiettivo di raggiungere un milione di consumatori entro fine 2013. Poi sono iniziati i problemi: una causa per pubblicità ingannevole da parte di una cittadina californiana, un giornalista che ha reso note tre contraddittorie diagnosi ricevute per il rischio di infarto (una da 23andMe, due da aziende concorrenti); il sospetto che la vendita di test sottocosto sia solo un pretesto per ottenere preziosi dati dalla clientela, alimentato da un membro del consiglio d'amministrazione che definì 23andMe "la Google dell'assistenza sanitaria personalizzata". Nel novembre 2013, dopo una minacciosa richiesta della Food and Drug Administration di documentare l'efficacia dei propri test, l'azienda ne ha parzialmente sospeso la vendita online.

Insomma, il genoma da mille dollari che una decina di anni fa pareva un miraggio è arrivato, ma per il resto non è facile prevedere se e quando questa tecnologia diverrà effettivamente di uso comune, e soprattutto quali saranno le implicazioni per l'organizzazione sanitaria e per gli stessi pazienti (o consumatori?). Più facile farsi prendere la mano dall'entusiasmo, e perfino dall'ottimismo, come fece quel senatore che nel 2007 annunciò che "nessuna area di ricerca è promettente come la medicina personalizzata". Chi era? Lo conoscete: Barack Obama.

Poscritto

L'innovazione siamo noi
Tecnologia, società, responsabilità

Noi russi abbiamo avuto la bomba H prima di voi.

(N. Chruščëv, 1957)

Illustri colleghi, la mia invenzione è semplice e, posso dirlo con fierezza, riuscita. Alto, nobile, pratico ed economico, ecco il cavallo.

(A. Campanile, *L'inventore del cavallo*)

Ma che cos'è questa innovazione?

Ma che cos'è dunque questa innovazione? Da alcuni decenni ormai il discorso pubblico è dominato da una *retorica dell'innovazione*. In questa retorica l'innovazione è vista come un elemento positivo indiscusso. Foriera di benessere, ineludibile strumento per reggere il passo con la competizione internazionale, l'innovazione è considerata in questa prospettiva un fatto da promuovere *tout court*, unica possibile garanzia di sviluppo. Una simile retorica è divenuta, negli ultimi decenni, un elemento ricorrente nelle dichiarazioni programmatiche di politici, imprenditori, ricercatori e commentatori, oltre che dogma centrale di numerose politiche e investimenti, a cominciare da quelli europei in campo scientifico-tecnologico. "Più innovazione" è divenuta la ricetta-mantra per affrontare il declino economico del nostro paese e dell'Europa; "non fermare l'innovazione" è diventato l'appello ricorrente quando si discute di temi o progetti controversi.

Questa retorica concepisce l'innovazione in modo assai limitato e semplicistico: massima aspirazione di molti sedicenti innovatori è sfornare nuove tecnologie, nuovi gadget, nuove app (come si usa dire oggi) che, messe sul mercato, provocheranno svolte epocali e guadagni immediati. Essa guarda acriticamente a modelli stranieri (i colossi dell'economia digitale), raccomandando di imitarne gli "ambienti creativi" (come la Silicon Valley) ed esaltando le gesta dei suoi protagonisti in chiave quasi mitico-religiosa (sempre gli stessi: Jobs, Zuckerberg, Musk). Riduce la ricerca scientifica a mero presupposto funzionale dello sviluppo tecnologico, caldeggiando gli investimenti in ricerca solo in quanto finalizzati a questo scopo (e non, per esempio, come opportunità di crescita del sapere e della cultura in senso lato). La società, in questa prospettiva, è vista perlopiù come un freno all'innovazione: una fonte di proteste e preoccupazioni infondate, retaggio di un'opinione pubblica pregiudizialmente ostile alla scienza e alla tecnologia; di dibattiti e conflitti che rallentano il progresso con grave danno per lo sviluppo e la competitività.

Come se non bastasse, la retorica dell'innovazione va a braccetto con un'altra retorica assai in voga: la *retorica della responsabilità*, che attiene alle implicazioni sociali dello sviluppo economico e degli squilibri che spesso vi sono collegati. Secondo tale prospettiva, le eventuali ricadute negative di attività orientate al profitto economico possono essere attenuate con l'adozione di specifiche iniziative da parte del soggetto imprenditoriale in questione. "Responsabilità d'impresa" e "bilancio sociale" sono solo alcune delle parole d'ordine di questa retorica, anch'essa ormai ampiamente diffusa nel mondo dell'imprenditoria, tra i *policy makers* e nel settore del non profit.

Le due retoriche si rafforzano e si sostengono a vicenda: centrando la responsabilità su un attore specifico (l'impresa o addirittura l'imprenditore), la retorica della responsabilità rafforza una concezione di innovazione come atto individuale e in sé conchiuso, di cui si possono collettivamente discutere le ricadute ma non il merito. Considerando l'innovazione come un fatto positivo in sé, la retorica dell'innovazione non ne mette in discussione i contenuti, ma solo gli aspetti accessori (le eventuali ricadute negative che possono essere bilanciate con opportuni comportamenti responsabili del singolo attore dell'innovazione).

Entrambe mostrano rilevanti limiti nell'affrontare le sfide sempre più significative che l'innovazione e la responsabilità – e le loro trasformazioni – pongono alle società contemporanee.

La retorica dell'innovazione trascura, in primo luogo, il carattere non lineare degli stessi processi di innovazione: quest'ultima non discende necessariamente dalla ricerca di base, né necessariamente si traduce in sviluppo economico, né tantomeno in una maggiore capacità specifica del singolo paese di competere sugli scenari internazionali.

Da un lato ci sono, infatti, condizioni legate alla specifica configurazione dei contesti imprenditoriali e istituzionali che articolano in modo differente la stessa introduzione di nuove tecnologie: innovazioni quali l'MP3 sono nate in laboratori europei ma sono state perlopiù imprese americane a saperle tradurre in effettivi successi sul mercato. D'altra parte, alcune delle innovazioni tecnologiche con più significativo impatto – si pensi alle tecnologie per il pagamento come bancomat e carte di credito – non sempre sono sfruttabili sul piano economico dagli stessi innovatori.[49]

Nella sua rappresentazione caricaturale

[49] Cfr. per esempio N. Rosenberg, *Inside the Black Box: Technology and Economics*, Cambridge, Cambridge University Press, 1982 (trad. it., *Dentro la scatola nera*, Bologna, il Mulino, 1991); W. Faulkner, "Conceptualizing Knowledge Used in Innovation: a Second Look at the Science-Technology Distinction and Industrial Innovation", in *Science Technology and Human Values*, 19, 4, 1994, pp. 425-458; D. Comin, "R&D: a Small Contribution to Productivity Growth", in *Journal of Economic*

della ricerca come "campo dei miracoli" di Pinocchio, in cui basta seminare quattro monete per raccoglierne il giorno dopo migliaia in tecnologia e a cascata in sviluppo, vengono largamente rimossi il carattere di felice imprevedibilità dei processi di ricerca e delle loro potenziali ricadute, i benefici in direzioni spesso inattese, i tempi incerti e non necessariamente compatibili con le aspettative degli investitori.

Nella sua immagine dell'innovazione sempre protesa verso il futuro, sorta di continua finale olimpica dello sprint in cui il nuovo record del mondo è sempre dietro l'angolo, si perde di vista ogni prospettiva storica e con essa il valore e il peso di quanto è già stato fatto.

Sono molti, tuttavia, gli studiosi dell'innovazione che vedono diversamente la situazione: una corsa in cui ormai il meglio è già

Growth, 9, 4, 2004, pp. 391-421; R. Nelson, "Knowledge and Innovation Systems", in *Knowledge Management in the Learning Society*, Paris, OECD, 2000.

passato, e resta da fare solo qualche piccolo aggiustamento o miglioramento incrementale. Per economisti come Robert Gordon, la questione è molto semplice: "siamo a corto di invenzioni"; "abbiamo già colto i frutti più bassi" (cioè comodi da raggiungere) del moderno paradiso tecnologico. Difficile pensare che possano arrivare altre innovazioni dall'impatto così macroscopico come è avvenuto in passato con la diffusione dell'elettricità o la scoperta degli antibiotici. Per dirla con Vittorio Gassman, "abbiamo un grande avvenire dietro le spalle". Gordon ci invita a constatarlo guardando nelle nostre cucine. La tipica cucina agli inizi del secolo scorso era un luogo ancora primitivo, spesso privo di illuminazione e acqua corrente, in cui si doveva usare il ghiaccio per conservare i cibi. Poco più di mezzo secolo dopo, si è ampiamente trasformata e riempita di elettrodomestici. Da allora, non è più cambiata molto. Il nonno di Gordon guidava una Ford T dalla velocità massima di settantasette chilometri orari: "A metà anni cinquanta, mio padre guidava una Chevrolet cinque volte più potente, la mia Subaru non è poi così diversa dalla sua. E gli aeroplani vanno più piano oggi che nel 1958 per risparmiare carburante." Nei primi ottant'anni del secolo scorso, l'aspettativa di vita negli Stati Uniti è passata da quarantanove a settantaquattro anni; da allora, nonostante colossali investimenti e sviluppi tecnologici, si è fermata a settantotto anni. Lo stesso impatto delle tecnologie digitali su produttività e sviluppo è tutt'altro che chiaro. Simile delusione per la distanza tra proiezioni avveniristiche e presente è espressa da alcuni degli stessi protagonisti dei nuovi business digitali. Secondo Peter Thiel, fondatore di PayPal e tra i primi investitori esterni in Facebook: "Volevamo le auto volanti, abbiamo avuto centoquaranta caratteri."

Nelle sue conferenze, per sottolineare l'effettivo impatto delle innovazioni, Gordon ama mostrare una slide con uno smartphone accanto a un wc: "Di quale dei due potreste fare a meno?" La sua conclusione è piuttosto drastica: "Le cose più importanti sono già state inventate, e è possibile che gli ultimi duecentocinquant'anni di rapido progresso rappresentino un fatto episodico e irripetibile nella storia dell'uomo."

Gordon non è il solo a sostenere simili tesi. Jan Vijg, un genetista dell'Einstein College of Medicine di New York, ha compilato una lista di trecento "macroinvenzioni", dal 500 a.C. al 2010: innovazioni che hanno aperto nuove strade, permettendo successivi sviluppi e miglioramenti. Il suo grafico raggiunge un picco attorno al 1970, poi decresce. "Non declino tecnologico," precisa, "ma decelerazione"; una traiettoria che secondo Vijg ha caratterizzato anche in passato le civiltà tecnicamente più evolute, come la Cina sotto la dinastia Song o l'Islam nel Medioevo. Una delle cause potrebbe essere una sorta di "saturazione". Se è vero che oggi ci sono più persone che lavorano in campo scientifico-tecnologico, secondo uno studio di Azoulay e Jones del MIT, un impiegato in ricerca e sviluppo nel 1950 era sette volte più produttivo di uno di oggi; probabilmente perché doveva dedicare meno tempo ad aggiornarsi su tutti gli sviluppi del proprio campo. Per Vijg, tuttavia, il freno all'innovazione è soprattutto culturale. Benessere e appagamento ci rendono più riluttanti ad affrontare il rischio e l'ignoto, e le stesse istituzioni tendono oggi a frenare, anziché favorire, lo sviluppo tecnologico.

Sembrano lontani, insomma, i tempi in cui la società si sentiva sopraffatta dal ritmo incalzante delle novità tecniche. Nel 1934, sir Josiah Stamp, in un celebre discorso alla British Association for the Advancement of Science, auspicò "una moratoria delle invenzioni e delle scoperte per dare all'umanità un attimo di tregua in cui adattare la propria struttura sociale ed economica ai costanti cambiamenti provocati dall'imbarazzante fecondità della tecnologia".

Anche chi dissente dal pessimismo di studiosi come Gordon e vi contrappone una visione più ottimistica non manca di sottolineare il carattere discontinuo dei processi di innovazione. Joel Mokyr vede per esempio la tecnologia in corrispondenza con certe teorie dell'evoluzione: periodi di sbalzi si alternano ad altri di apparente stagnazione, finché una nuova idea può innescare un'intera "ondata innovativa". Altro che saturazione, insomma: ogni novità può potenzialmente aprire la strada ad altri, magari imprevisti, sviluppi. E se è vero che le nostre auto assomigliano ancora molto a quelle del secolo scorso, non c'è dubbio che sicurezza e confort della guida siano nettamente migliorati. Infine, spesso le tecnologie impiegano lunghi periodi per produrre risultati significativi ed essere pienamente ed effettivamente metabolizzate dalla società.[50]

[50] Cfr. per esempio R.J. Gordon, "Is US Economic Growth over? Faltering Innovation Confronts the Six Headwinds", NBER Working Paper 18315 (agosto

Felicemente ignara di questi dibattiti, la retorica dell'innovazione è anche selettivamente orba quando guarda ai tanto mitizzati modelli esteri. Caldeggiando l'emulazione di quegli esempi di gagliarda e coraggiosa imprenditoria innovativa privata, omette di precisare che molti di questi campioni sono stati spesso ampiamente sostenuti dalla mano pubblica sul piano finanziario (quattrocentocinquanta milioni di prestiti governativi alla Tesla Motors nel 2010, per esempio) e della tutela giuridica contro la concorrenza internazionale.[51] Campioni cresciuti in un contesto in cui, in nome della libertà e del successo di un'impresa, si è più che disposti a chiudere un occhio su bazzecole

2012); J. Vijg, *The American Technological Challenge. Stagnation and Decline in the 21st Century*, New York, Algora, 2011; J. Mokyr, *The Gifts of Athena*, Princeton, Princeton University Press, 2002.

[51] Cfr. M. Mazzucato, *The Entrepreneurial State*, London, Anthem, 2013; trad. it., *Lo Stato innovatore*, Roma-Bari, Laterza, 2014.

quali diritto d'autore e tutela della privacy, nonché a tollerare ampie zone grigie sul piano dell'imposizione fiscale. Senza le quali, suvvia, ammettiamolo, i giganti dell'economia digitale non sarebbero diventati così in fretta quello che sono – il che non toglie nulla, naturalmente, alle formidabili intuizioni dei loro fondatori.

Quanto ai famosi "ambienti innovativi" in cui la nuova classe creativa dovrebbe spiccare il volo – ammesso che davvero esistano – sembra assai difficile riprodurli artificiosamente in un diverso contesto, senza alcuna intelligenza delle specificità e delle tradizioni, e oltretutto in breve tempo, come la retorica dell'innovazione pretenderebbe.[52] L'innovazione non è solo un frutto maturo che spunta in un terreno fertile, ma una rete di processi e relazioni radicate in un contesto e come tale non facile – e

[52] R. Florida, *The Rise of the New Creative Class*, New York, Basic Books, 2002; trad. it., *L'ascesa della nuova classe creativa*, Milano, Mondadori, 2003.

talvolta perfino socialmente non del tutto desiderabile – da trasferire o replicare.

Nel suo *La sinagoga degli iconoclasti*, Juan Rodolfo Wilcock immagina un personaggio con un progetto che per certi versi non è molto lontano da ciò che predicano certi apologeti dell'innovazione contemporanea quando invocano ambienti creativi o persino un "nuovo Rinascimento": ricreare nel XX secolo le condizioni di quel periodo straordinariamente fecondo che fu il regno di Elisabetta I.

Questo il progetto così come lo descrive Wilcock:

> Il piano di *Back to Happiness* era quindi questo: riportare il mondo al 1580. Abolire il carbone, le macchine, i motori, la luce elettrica, il granturco, il petrolio, le strade asfaltate, i giornali, gli Stati Uniti, gli aerei, il voto, il gas, i pappagalli, le motociclette, i Diritti dell'Uomo, i pomodori, i piroscafi, l'industria siderurgica, l'industria farma-

ceutica, Newton e la gravitazione, Milton e Dickens, i tacchini, la chirurgia, le ferrovie, l'alluminio, i musei, le aniline, il guano, il celluloide (*sic*), il Belgio, la dinamite, il weekend, il Seicento, il Settecento, l'Ottocento e il Novecento, l'istruzione obbligatoria, i ponti di ferro, il tram, l'artiglieria leggera, i disinfettanti, il caffè. Il tabacco poteva rimanere, visto che Raleigh fumava. Viceversa bisognava ripristinare: il manicomio per i debitori; la forca per i ladri; la schiavitù per i negri; il rogo per le streghe; i dieci anni di servizio militare obbligatorio; la consuetudine di abbandonare i neonati per strada il giorno stesso della nascita; le torce e le candele; l'abitudine di mangiare col cappello e col coltello; l'uso della spada, dello spadino e del pugnale; la caccia con l'arco; il brigantaggio nei boschi; la persecuzione degli ebrei; lo studio del latino; il divieto alle donne di calcare la scena; gli attacchi dei bucanieri ai galeoni spagnoli; l'impiego del cavallo come mezzo di trasporto e del bue come forza motrice; l'istituto del maggiorasco; i cavalieri di Malta a Malta; la logica scolastica; la peste, il vaiolo e il tifo come mezzi di controllo della popolazione; il rispetto alla nobiltà (*sic*); il fango e le pozzanghere nelle vie del centro; le costruzioni in legno; l'allevamento di cigni nel Tamigi e di falchi nei castelli; l'alchimia come passatempo; l'astrologia come scienza; l'istituto del vassallaggio; l'ordalia nei tribunali; il liuto nelle case e le trombe all'aperto; i tornei, le corazze damaschinate e la cotta d'arme; insomma, il passato.[53]

Per una cultura dell'innovazione

Mettere in dubbio la retorica dell'innovazione non significa certo mettere in

[53] J.R. Wilcock, *La sinagoga degli iconoclasti*, Milano, Adelphi, 1972, nuova ed. 1990, pp. 28-29.

discussione l'importanza e il ruolo dell'innovazione nell'economia e nella società contemporanea. Significa, al contrario, riconoscere la sua importanza non solo dal punto di vista strumentale e funzionale, ma culturale in senso lato.

I dati sul rapporto tra pubblico e tecnologia indicano come il migliore predittore di un atteggiamento di "apertura all'innovazione" sia il livello di istruzione generale. Apertura che non significa ignorare le possibili ricadute negative delle innovazioni, ma sentirsi preparati a gestirle.[54] D'altra parte, se per esempio si prende in considerazione la rapida diffusione dei social media e, più in generale, delle tecnologie digitali, vicende quotidiane ci confermano come alla seducente facilità d'uso e alle indubbie potenzialità di queste innovazioni non corri-

[54] Cfr. i dati dell'Osservatorio Scienza Tecnologia e Società, pubblicati in M. Bucchi-B. Saracino, *Annuario scienza tecnologia e società 2014*, Bologna, il Mulino, 2014, www.observa.it.

spondano risorse culturali adatte a gestirne le significative implicazioni (per esempio, nel ridisegnare drasticamente i concetti stessi di privacy e di responsabilità).

Come si può continuare a imputare la responsabilità al singolo innovatore, se l'utilizzatore non è più uno spettatore prevalentemente passivo, come per i media tradizionali, ma un attivo manipolatore, quando non produttore di contenuti? Chi è responsabile di un video offensivo o razzista sul web? Chi lo realizza, chi lo posta o chi lo guarda?

Come si può continuare a focalizzarsi solo sull'inventore e sull'azienda che introduce un'innovazione, se in numerosi settori la distinzione tra innovatori e utilizzatori di tecnologia appare sempre meno netta? Molteplici studi hanno messo in luce le varie modalità di coinvolgimento degli utilizzatori non solo nella determinazione del destino degli oggetti tecnologici e nella loro modellazione, ma anche nella loro progettazione.

In questo senso, gli artefatti tecnologici possono essere reinterpretati, adattati e in certi casi perfino reinventati dai loro utilizzatori; i loro punti di vista possono essere incorporati nello stesso processo di design. Così, un disco in vinile concepito per riprodurre uno specifico contenuto musicale può essere utilizzato – come nel caso delle comunità giovanili afroamericane entro cui si è sviluppata la musica hip hop – per produrre suoni del tutto diversi attraverso lo *scratching*.[55] Una delle chiavi della diffusione di massa dei telefoni cellulari è stata una funzione, quella dei brevi messaggi di testo, che inizialmente i produttori consideravano del tutto marginale e limitata alle comunicazioni tra i tecnici delle reti telefoniche.

[55] T. Pinch-N. Oudshoorn (eds.), *When Users Matter. The Co-Construction of Users and Technologies*, Cambridge, MIT Press, 2003; D.A.M. Goldberg, "The Scratch is Hip-hop: Appropriating the Phonographic Medium", in R. Eglash et al. (eds.), *Appropriating technology. Vernacular Science and Social Power*, Minneapolis, University of Minnesota Press, 2004.

Si pensi, ancora, alla difficoltà che le nostre categorie politiche e giuridiche hanno di fronte alla costituzione di "identità multiple o frammentate", tipica del comportamento in rete.[56] Oppure a come l'introduzione nei reparti ospedalieri di terapia intensiva di tecnologie che permettono di mantenere alcune funzioni vitali in soggetti non più coscienti e senza prospettive di guarigione interroghino una responsabilità decisionale che non è attribuibile al soggetto in questione. Di fronte a simili situazioni, la retorica dell'innovazione e della responsabilità non possono che cercare un'approssimazione del punto di riferimento perduto: l'esperto

[56] Cfr. il classico S. Turkle, *Life on the Screen. Identity in the Age of the Internet*, New York, Simon & Schuster, 1995, e il più recente S. Turkle, *Alone Together. Why We Expect More from Technology and Less from Each Other*, New York, Basic Books, 2011; trad. it., *Insieme ma soli*, Torino, Codice, 2012. V. anche L. Floridi, *The Fourth Revolution: How the Infosphere is Reshaping Human Reality*, Oxford, Oxford University Press, 2014.

medico, il parente più prossimo del paziente, le disposizioni date dal paziente quando ancora era cosciente.

Il primo passo verso una cultura dell'innovazione è dunque adottare una nozione ampia di innovazione, che non sia limitata all'introduzione di un nuovo artefatto tecnologico. Un'innovazione è una combinazione di elementi tecnologici, sociali, politici e culturali. L'elemento tecnico in senso stretto può essere, al limite, trascurabile, come nel caso dell'introduzione della minigonna negli anni sessanta; ma la combinazione dell'artefatto con un certo contesto sociale, culturale e valoriale può avere un impatto non meno significativo. Un'innovazione come il walkman, alla fine degli anni settanta, non avrebbe rivoluzionato le modalità di ascolto della musica, senza l'avvento di una generazione urbana fortemente sensibile alla possibilità di portare con sé la propria musica preferita durante gli spostamenti o altre attività (come, per esempio, il jogging) in ambienti affollati e rumorosi. E, del resto, è ben noto agli operatori di settori quali musica pop, moda e perfino alimentazione come in alcuni casi si possa innovare riproponendo un prodotto "vecchio", se nel frattempo i consumatori sono sufficientemente cambiati – al punto che termini quali *revival*, *vintage* (o in ambito alimentare, "prodotti tipici") sono entrati nell'uso comune per definire stili e tendenze del consumo.

In una tale prospettiva, una riflessione sulla responsabilità nell'innovazione non rischia di spegnersi – come invece era tipico della retorica tradizionale della responsabilità – nell'attribuzione o meno di "colpa" a un soggetto individuale o collettivo specifico. Così, riflettere sull'introduzione delle tecnologie ecografiche in gravidanza finisce rapidamente in un vicolo cieco, se punta a stabilire quale sia la responsabilità specifica degli innovatori di fronte agli aborti selettivi di centinaia di migliaia di potenziali nascituri di sesso femminile in paesi quali India o Cina. Ciò non toglie, però, significato a una riflessione sulla stessa innovazione che si interroghi sul rapporto tra sviluppo tecnologico in ambito medico-sanitario e trasformazioni storico-culturali del concetto di famiglia, sulla medicalizzazione della gravidanza e la centralità che tecnologia ed *expertise* hanno assunto nel mediare l'esperienza che la madre ha del proprio corpo, su come contesti culturali e politici possano reinterpretare tecnologie così univocamente "benefiche" (almeno in apparenza) come quelle della diagnosi prenatale.[57]

Una visione più ampia dei processi di innovazione aiuta anche a non fo-

[57] Cfr. F. Price, "Now You See It, Now You Don't: Mediating Science and Managing Uncertainty in Reproductive Medicine", in A. Irwin and B. Wynne (eds.), *Misunderstanding Science? The Public Reconstruction of Science and Technology*, Cambridge, Cambridge University Press, 1996.

calizzarsi, nella discussione sulle implicazioni dell'innovazione, solo sugli aspetti tecnologicamente più vistosi o apparentemente più socialmente sensibili; su quelli che ricadono nelle maglie dei nostri processi regolativi tradizionali anziché, paradossalmente, su quelli che li spiazzano. Così si discute molto dell'impatto delle biotecnologie o delle nanotecnologie sulla nostra salute, mentre sino a poco tempo fa si è prestata scarsissima attenzione all'impatto delle crescenti sollecitazioni prodotte dalle tecnologie dell'informazione sulle nostre facoltà cognitive e sul nostro benessere (il cosiddetto "multitasking" o l'essere "*always on*", sempre connessi ed esposti al sovraccarico informativo). Questa paradossale miopia è ironicamente colta dal futurologo Ray Kurzweil, quando argomenta la propria opposizione a qualsiasi forma di regolamentazione della tecnologia: "Non mi ricordo quand'è che abbiamo votato per autorizzare internet."[58]

Una cultura dell'innovazione deve sgombrare il campo anche da quell'illusione in cui la retorica dell'innovazione e quella della responsabilità trovano un comodo sostegno: la neutralità dell'innovazione. Per la prima, l'innovazione è sempre neutrale (è la società che ne può fare un uso "buono" o "cattivo"); per la seconda, ci sono innovatori e utilizzatori di innovazione "buoni e cattivi". Parafrasando il celebre aforisma del filosofo Jeffrey Ravetz, "la tecnologia si prende il merito della penicillina, ma la colpa della bomba è della società".

Il carattere ibrido degli oggetti della tecnoscienza contemporanea e degli stessi

[58] D. Egan, "We're Going to Live Forever", in *New Scientist*, 13 ottobre 2007, p. 46; A. Dimoka et al. "On the Use of Neurophysiological Tools in IS Research: Developing a Research Agenda for NeuroIS", in *MIS Quarterly*, 36, 3, 2012, pp. 679-702; D. Rushkoff, *Present Shock. When Everything Happens Now*, New York, Current, 2013.

processi di coproduzione che ne sono alla base contraddice quotidianamente tale illusione di neutralità. Una cintura di sicurezza che si chiude automaticamente attorno al passeggero, un'automobile programmata per non accendersi se il conducente non ha le cinture allacciate si fanno garanti dell'adesione a certi comportamenti ritenuti più sicuri o socialmente desiderabili. Non sono più meri oggetti tecnologici, ma ibridi che incorporano una visione morale e sociopolitica, così come una chiave magnetica che spegne le luci di una stanza di hotel o un codice di protezione che impedisce la copiatura di un CD configurano un certo profilo di ciò che dovrebbe essere e fare un ospite d'albergo o un consumatore disciplinato. Gli stessi oggetti tecnologici di uso più comune – dal tostapane al cavatappi – possono essere interpretati come "rapporti sociali durevoli" che si coagulano in forme e design diversi in differenti contesti culturali.[59] Così, il successo di certi formati digitali o della musica in streaming, per esempio, ci dice che viviamo in una società in cui la velocità di scambio e condivisione conta molto più della qualità dell'ascolto musicale; l'airbag e, in genere, il design delle auto che guidiamo rappresentano un mondo in cui la sicurezza del guidatore vale molto più di quella del pedone.

Ecco una delle ragioni per cui siamo così sedotti dalla retorica dell'innovazione: evitando di guardarci allo specchio attraverso i nostri oggetti e le nostre abitudini, essa ci offre una comoda via di fuga per evitare di interrogarci su di noi e sul nostro futuro. Per la sociologa Helga Nowotny, "l'innovazione occupa un vuoto

[59] Cfr., per esempio, H. Molotch, *Where Stuff Comes From: How Toasters, Toilets, Cars, Computers and Many Other Things Come to Be as They Are*, New York, Routledge, 2003 (trad. it., *Fenomenologia del tostapane*, Milano, Cortina, 2005); B. Latour, *La clef de Berlin. Petites leçons de sociologie des sciences*, Paris, La Découverte, 1993.

concettuale nella nostra immaginazione del futuro"; ne placa l'ansia e la trasforma in proiezione di un futuro che così appare, almeno parzialmente, pianificabile e addomesticabile.[60]

L'alternativa a questa retorica illusoria è comprendere che investire in tecnologia e innovazione significa anche costruire e sviluppare una cultura dell'innovazione. Una cultura che sappia comprendere la portata delle innovazioni e le relative trasformazioni; che sappia discuterne e valutarne le implicazioni in modo aperto, critico ed equilibrato, evitando le opposte scorciatoie della chiusura preconcetta e dell'aspettativa miracolistica.

Quattro secoli fa, il filosofo Francesco Bacone aveva già intuito la natura non neutrale, ma ambivalente e sfidante,

[60] H. Nowotny, *Unersättliche Neugier. Innovation in einer fragilen Zukunft*, Berlin, Kadmos, 2005; trad. it., *Curiosità insaziabile*, Torino, Codice, 2006, p. 97.

dell'innovazione, che "aggiusta sempre qualche cosa, ma ne danneggia qualche altra". E che la soluzione non è abbracciarla acriticamente e a prescindere dai suoi contenuti, né rifiutarla pregiudizialmente. "Un'ostinata conservazione dell'uso," scrive Bacone, "è cosa tanto violenta quanto un'innovazione."[61] Ma invita anche a badare bene "che sia la riforma a produrre il mutamento, e non il desiderio di mutamento a esigere la riforma". In definitiva, a interrogarci sul senso dell'innovazione, rispetto alla tradizione; e, di conseguenza, a interrogarci su ciò che siamo stati, su ciò che siamo e ciò che vogliamo essere.

[61] F. Bacon, *Essays*; trad. it., *Saggi*, cit., p. 106.

Ringraziamenti

A Barbara Saracino per l'attenta lettura e i preziosi suggerimenti.

Ad Alberto Brodesco, Marco Cavalli, Renato G. Mazzolini e Giuseppe Pellegrini per i loro commenti su versioni preliminari del testo.

A Emanuela Minnai, per il paziente, costante e sapiente incoraggiamento.

A Luca Barbieri, Alessandro Russello, Cristiano Seganfreddo e al loro entusiasmo per gli *innovation moments*.

A Piero Bassetti, Harvey Molotch e Trevor Pinch, per le preziose conversazioni su questi temi.

Ai colleghi dell'Università Carlos III

di Madrid, che mi ha ospitato durante il lavoro iniziale per questo volume, e in particolare a Carlos Elias e Marcello Serra.

A Stefano Ceri, Costanzo Ranci e a tutti i partecipanti dei seminari "Innovation and Society" dell'Alta Scuola Politecnica, in cui ho presentato alcuni dei temi qui discussi.

Per qualche idea in più

Opere generali

W.E. Bijker-T.P. Hughes-T.J. Pinch (eds.), *The Social Construction of Technological Systems: New Directions in the Sociology and History of Technology*, Cambridge (Massachusetts), MIT Press, 1987; new ed. Cambridge, MIT Press, 2012.

M. Bucchi, *Scienza e società*, Milano, Cortina, 2010.

M. Bucchi-B. Saracino, *Annuario scienza tecnologia e società 2014*, Bologna, il Mulino, 2014.

J. Ellul, *Le Système technicien*, Paris, Calmann-Lévy, 1977; trad. it., *Il sistema tecnico*, Milano, Jaca Book, 2009.

D. Fagerberg et al. (eds.), *The Oxford Handbook*

of Innovation, Oxford, Oxford University Press, 2006.
P. Flichy, *L'innovation technique*, Paris, La Découverte, 1995; trad. it., *L'innovazione tecnologica*, Milano, Feltrinelli, 1996.
R. Friedel, *A Culture of Improvement. Technology and the Western Millennium*, Cambridge, MIT Press, 2007.
B. Godin, *Innovation: The History of a Category*, *Project on the Intellectual History of Innovation*, Working Paper No. 1, 2008.
T. Hughes, *Human-Built World. How to Think about Technology and Culture*, Chicago, The University of Chicago Press, 2004; trad. it., *Il mondo a misura d'uomo. Ripensare tecnologia e cultura*, Torino, Codice, 2006.
B. Latour, *Science in Action*, Cambridge (Massachusetts), Harvard University Press, 1987; trad. it., *La scienza in azione*, Torino, Edizioni di Comunità, 1998.
D. MacKenzie-J. Wajcman (eds.), *The Social Shaping of Technology*, Buckingham, Open University Press, 1999.
V. Marchis, *150 (anni di) invenzioni italiane*, Torino, Codice, 2011.
R.K. Merton, *Scienza, religione e politica*, a cura di M. Bucchi, Bologna, il Mulino, 2011.

I. Mortimer, *Centuries of Change*, London, Bodley Head, 2014, trad. it. *Il libro del secolo. Mille anni di storia e innovazioni*, Torino, Boringhieri, 2014.
W. Ogburn, *Tecnologia e mutamento sociale*, Roma, Armando, 2006.
T. Pinch-H. Collins, *The Golem at Large. What You Should Know about Technology*, Cambridge, Cambridge University Press, 1998; trad. it., *Il golem tecnologico*, Torino, Edizioni di Comunità, 2000.
F. Ramella, *Sociologia dell'innovazione economica*, Bologna, il Mulino, 2013.
J.A. Schumpeter, *Theorie der wirtschaftlichen Entwicklung*, Leipzig, Duncker & Humblot, 1912; trad. it., *Teoria dello sviluppo economico*, Firenze, Sansoni, 1977.

Sulle singole storie (*in aggiunta ai riferimenti nel testo*)

Sull'audiocassetta:

W. Andriessen, "'The Winner'; Compact Cassette. A Commercial and Technical Look Back at the Greatest Success Story in the History of Audio Up to Now", in *Journal of Magnetism and Magnetic Materials*, 193, 1999, pp. 11-16.

Su Semmelweis e la disinfezione:
G.B. Risse, "Semmelweis, Ignaz Philipp", in G.C. Gillispie, *Dictionary of Scientific Biography*, New York, Scribner, 1970-1980, vol. 12, pp. 294-297.
L.F. Céline, *Il dottor Semmelweis*, Milano, Adelphi, 1976.

Sul kalashnikov:
O. Rohe, *La mia ultima invenzione è una trappola per talpe. Vita di Michail Kalashnikov*, Torino, Add, 2013.

Sul walkman:
R. Bricker, "Akio Morita's Walkman Lets Everyone March – or Boogie – to His Own Drummer", in *People Magazine*, 29 giugno 1981.
S. Hosokawa, "The Walkman Effect", in *Popular Music*, vol. 4, *Performances and Audiences*, 1984, pp. 165-180.
M. Bull, *Sounding Out the City: Personal Stereos and the Management of Everyday Life*, Oxford, Berg, 2000.

Sull'Exploratorium e Franz Oppenheimer:
K.C. Cole, *Something Incredibly Wonderful Happens: Frank Oppenheimer and his Astonishing*

Exploratorium, Chicago, The University of Chicago Press, 2009.

Sulla bicicletta:

W. Bijker, *Of Bicycles, Bakelites and Bulbs*, Cam bridge, MIT Press; trad. it., *La bicicletta e altre innovazioni*, Milano, McGraw-Hill, 1998.

Sulla sintesi dell'ammoniaca:

T. Standage, *An Edible History of Humanity*, New York, Walker, 2009; trad. it., *Una storia commestibile dell'umanità*, Torino, Codice, 2011.

Sulla forchetta:

I. Babitsch-M. Schiaffino, *In punta di forchetta*, Milano, Idealibri, 1988.

G. Rebora, *La civiltà della forchetta*, Roma-Bari, Laterza, 1998.

Su Colombo:

R. Levinson-W. Link, *Stay Tuned: An Inside Look at the Making of Prime Time Television*, New York, St. Martin's Press, 1981.

Sul formato MP3:

Riding the Media Bits, ridc.chiariglione.org.

J. Sterne, "What the Mind's Ear Does Not

Hear", in G. Born (ed.) *Music, Sound and Space*, Cambridge, Cambridge University Press, 2013.
P. Magaudda, "MP3, storia dell'algoritmo che canta", in *Alias*, 7 luglio 2012.

Sulla longitudine, e sul rapporto tra scienza e tecnologia:

D. Sobel, *Longitude*, New York, Walker, 1995; trad. it., *Longitudine*, Milano, Rizzoli, 1999.
B. Barnes, *Scientific Knowledge and Sociological Theory*, London, Routledge, 1974; trad. it., *Conoscenza scientifica e teoria sociologica*, Napoli, Liguori, 1979.
E.T. Layton, "Science As a Form of Action. The Role of the Engineering Sciences", in *Technology and Culture*, 28, 1988, pp. 594-607.
P. Rossi, "Le istituzioni e le immagini della scienza", in P. Rossi (a cura di), *Storia della scienza*, Torino, UTET, vol. I, 1988, pp. 3-29.

Sul Monopoly:

B.H. Wolfe, "The Monopolization of Monopoly", in *San Francisco Bay Guardian*, 23 aprile 1976.
C. Ketcham, "Monopoly is Theft", in *Harper's Magazine*, 19 ottobre 2012.

Sul mouse:
T. Bardini, *Bootstrapping: Douglas Engelbart, Coevolution, and the Origins of Personal Computing*, Stanford, Stanford University Press, 2000.

Sul premio Nobel:
R.M. Friedman, *The Politics of Excellence. Behind the Nobel Prize in Science*, New York, Freeman, 2001.

Sul sintetizzatore:
T. Pinch-F. Trocco, *Analog Days. The Invention and Impact of the Moog Synthesizer*, Cambridge, Harvard University Press, 2002.
T. Pinch, "Giving Birth to New Users: How the Minimoog Was Sold to Rock and Roll", in T. Pinch-N. Oudshoorn (eds.) *How Users Matter. The Co-Construction of Users and Technologies*, Cambridge, MIT Press, 2003, pp. 247-270.

Sulle innovazioni che imitano la natura:
J. Silvertown, *An Orchard Invisible. A Natural History of Seeds*, Chicago, University of Chicago Press, 2009; trad. it., *La vita segreta*

dei semi, Torino, Bollati Boringhieri, 2010.
R. Bruni, *Erba Volant*, Torino, Codice, 2015.

Su Primavera silenziosa*:*
Z. Wang "Responding to *Silent Spring*: Scientists, Popular Science Communication and Environmental Policy in the Kennedy Years", in *Science Communication*, 19, 2, 1997, pp. 141-163.

Sulla tavola periodica degli elementi:
D.I. Mendeleev, *Il sistema periodico degli elementi*, a cura di S. Tagliagambe, Roma, Teknos, 1994.

Su Tennis for Two:
F. Mäyrä, *An Introduction to Game Studies: Games in Culture*, London, Sage, 2008.
G. Roberts Jr., "Computer Tennis, Anyone?", in *Simmetry*, Fall 2013, pp. 6-7.

Sull'eliminacode, le "funzioni obbliganti" e il design degli oggetti tecnologici:
D. Norman, *Turn Signals are the Facial Expressions of Automobiles*, New York, Norton & Co., 1992; trad. it., *Lo sguardo delle macchine*, Firenze, Giunti, 1995.

D. Norman, *The Design of Everyday Things*, new ed., New York, Basic Books, 2013; trad. it., *La caffettiera del masochista*, Firenze, Giunti, 2014.
B. Arbulla-M. Bucchi, "'Queue up, you stupid!': communicating about technology problems. An exploratory study of warning messages posted on machines in public places". JCOM 14 (03), Y02, pp. 1-12.

Su Otlet e il Mundaneum:

A. Wright, *Cataloging the World: Paul Otlet and the Birth of the Information Age*. Oxford, Oxford University Press, 2014.
B. Peteers-F. Levie, *L'Homme qui voulait classer le monde: Paul Otlet et le Mundaneum*: Bruxelles, Impressions Nouvelles, 2006.

Sulla scoperta dell'"eco del Big Bang":

J. Boslough, *Masters of Time*, Boston, Addison-Wesley, 1992; trad. it., *I segni del tempo*, Milano, Garzanti, 1995.
H. Kragh, *Cosmology and controversy*, Princeton, Princeton University Press, 1996.
J. Peebles, "There at the Birth", in *New Scientist*, 17 maggio 2014, pp. 36-37.

Sulla trappola per topi:
J. Hope, "A Better Mousetrap", in *American Heritage*, 47, 6, 1996, pp. 90-97.

Sui supereroi Marvel:
S. Howe, *Marvel Comics: The Untold Story*, New York, Harper Collins, 2013.

Sui temi del poscritto (in aggiunta ai riferimenti nel testo):
A. Bonaccorsi-M. Bucchi (a cura di), *Trasformare conoscenza, trasferire tecnologia*, Venezia, Marsilio, 2011.
M. Bucchi, *Scegliere il mondo che vogliamo. Cittadini, politica, tecnoscienza*, Bologna, il Mulino, 2006.
M. Bucchi, *Scientisti e antiscientisti. Perché scienza e società non si capiscono*, Bologna, il Mulino, 2010.
D. Edgerton, "From Innovation to Use: Ten Eclectic Theses on the Historiography of Technology", in *History and Technology*, 11, 2, 1999, pp. 37-41.
D. Edgerton, *The Shock of the Old. Technology and global history since 1900*, London, Profile, 2006.

H. Hirsch-Kreinsen et al. (eds.), *Low-tech Innovation in the Knowledge Economy*, Frankfurt am Main, Peter Lang, 2005.
B. Latour, "Nessuna innovazione senza rappresentanza!", in M. Bucchi (a cura di), *Sapere, fare, potere. Verso un'innovazione responsabile*, Soveria Mannelli, Rubbettino, 2006, pp. 67-99.
A. Mattozzi (a cura di), *Il senso degli oggetti tecnici*, Roma, Meltemi, 2006.

Finito di stampare
nel mese di dicembre 2018 presso
Rotolito S.p.A. – Pioltello (MI)

Printed in Italy